建筑工程绿色施工技术与安全管理

宁国辉　王　丽　杨永超　著

吉林科学技术出版社

图书在版编目（CIP）数据

建筑工程绿色施工技术与安全管理 / 宁国辉，王丽，杨永超著．-- 长春 ： 吉林科学技术出版社，2024.5

ISBN 978-7-5744-1402-0

Ⅰ．①建… Ⅱ．①宁… ②王… ③杨… Ⅲ．①建筑施工－无污染技术②建筑施工－安全管理 Ⅳ．① TU74 ② TU714

中国国家版本馆 CIP 数据核字（2024）第 102408 号

建筑工程绿色施工技术与安全管理

著　　宁国辉　王　丽　杨永超
出 版 人　宛　霞
责任编辑　鲁　梦
封面设计　树人教育
制　　版　树人教育
幅面尺寸　185mm×260mm
开　　本　16
字　　数　280 千字
印　　张　12.875
印　　数　1~1500 册
版　　次　2024 年 5 月第 1 版
印　　次　2024 年10月第 1 次印刷

出　　版　吉林科学技术出版社
发　　行　吉林科学技术出版社
地　　址　长春市福祉大路5788 号出版大厦A 座
邮　　编　130118
发行部电话/传真　0431-81629529 81629530 81629531
81629532 81629533 81629534
储运部电话　0431-86059116
编辑部电话　0431-81629510
印　　刷　廊坊市印艺阁数字科技有限公司

书　　号　ISBN 978-7-5744-1402-0
定　　价　80.00元

前　言

建筑是人类从事各种活动的主要场所，建筑业的发展是现代经济社会发展的重要推动力量，它对拉动经济增长，促进社会进步起到了关键作用。近年来，随着建筑业的技术水平与管理能力不断提升，掀起了中国建筑工程的建设热潮，但是，建筑能耗高、能效低下的粗放型发展模式并未彻底改变，中国建筑行业弊端逐渐凸显，绿色建筑理念成为建筑业发展的必然趋势，对中国建筑工程管理有着重要的改革作用。

在当今社会，建筑工程的绿色施工技术与安全管理已成为不可忽视的重要议题。随着人们对可持续发展的关注不断增强，建筑行业也迎来了一场全新的变革。本书旨在深入探讨在建设过程中如何有效整合绿色施工技术，并兼顾安全管理的重要性。其内容首先从绿色建筑材料入手，介绍了绿色建筑的概念及发展状况、绿色建筑施工管理体系以及绿色建筑施工技术集成创新，并详细分析了绿色施工与建筑信息模型（BIM），接着重点对安全文明施工、建筑工程安全管理、塔式起重机安全管理以及脚手架工程施工与高处作业安全管理等内容进行了重要探讨。

本书在编写过程中，笔者参考、吸收了国内外众多专家学者的研究成果，在此谨向有关专家学者表示诚挚的谢意。如有遗漏，敬请理解。由于笔者水平有限，书中表述难免存在不足，对智慧社区管理的知识和内容还有待进一步深入研究，期盼广大读者批评指正并能及时反馈，以便逐步完善。

目 录

第一章　绿色建筑材料

第一节　绿色建筑材料概述

在探讨绿色建筑材料之前，先明确绿色材料的概念。

绿色材料，是在 1988 年第一届国际材料科学研究会上首次被提出来的。1992 年国际学术界给绿色材料的定义为：“在原料采取、产品制造、应用过程和使用以后的再生循环利用等环节中对地球环境负荷最小和对人类身体健康无害的材料。”

人们对绿色材料能够形成的共识主要包括五个方面：占用人的健康资源、能源效率、资源效率、环境责任、可承受性。其中还包括对污染物的释放、材料的内耗、材料的再生循环利用、对水质和空气的影响等。

绿色建筑材料含义的范围比绿色材料要窄，对绿色建筑材料的界定，必须综合考虑建筑材料的生命周期全过程的各个阶段。

一、绿色建筑材料应具有的品质

第一，保护环境。材料尽量选用天然化、本地化、无害无毒且可再生、可循环的材料。

第二，节约资源。材料使用应该减量化、资源化、无害化，同时开展固体废弃物处理和综合利用技术。

第三，节约能源。在材料生产、使用、废弃以及再利用等过程中耗能低，并且能够充分利用绿色能源，如太阳能、风能、地热能和其他再生能源。

二、绿色建筑材料的特点

第一，以低资源、低能耗、低污染生产的高性能建筑材料，如用现代先进工艺和技术生产高强度水泥、高强钢等。

第二，能大幅降低建筑物使用过程中的耗能的建筑材料，如具有轻质、高强、防水、保温、隔热、隔声等功能的新型墙体材料。

第三，具有改善居室生态环境和保健功能的建筑材料，如抗菌、除臭、调温、调湿、屏蔽有害射线的多功能玻璃、陶瓷、涂料等。

三、绿色建筑材料与传统建筑材料的区别

绿色建筑材料与传统建筑材料的区别，主要表现在如下几个方面。

第一，生产技术。绿色建材生产采用低能耗制造工艺和不污染环境的生产技术。

第二，生产过程。绿色建材在生产配置和生产过程中，不使用甲醛、卤化物溶剂或芳香烃；不使用含铅、镉、镍及其他化合物的颜料和添加剂；尽量减少废渣、废气以及废水的排放量，或使之得到有效的净化处理。

第三，资源和能源的选用。绿色建材生产所用原料尽可能地少用天然资源，不应大量使用尾矿、废渣、垃圾、废液等废弃物。

第四，使用过程。绿色建材产品是以改善人类生活环境、提高生活质量为宗旨，有利于人体健康。产品具有多功能的特征，如抗菌、灭菌、防毒、除臭、隔热、阻燃、防火、调温、调湿、消声、消磁、防辐射和抗静电等。

第五，废弃过程。绿色建材可循环使用或回收再利用，不产生污染环境的废弃物。

我国绿色建材的发展从 20 世纪 90 年代的生态环境材料的发展算起已有十几年了，但还是远远落后于后来兴起的绿色建筑的发展。在诸多原因中，对于绿色建材的概念与内涵认识不一致，评价指标体系和标准法规的缺失是主要原因。

所以，我们还应从更高的层次、更广泛的社会意义上来理解绿色建材的概念。

四、绿色建筑材料与绿色建筑的关系

绿色建筑材料是绿色建筑的物质基础，绿色建筑必须通过绿色建筑材料这个载体来实现。

但是，目前绿色建筑的发展与绿色建材的发展仍存在断链。我国首版《绿色建筑评价标准》（GB/T50378—2006）中，只字未提绿色建材。据了解，是因主管部门对绿色建材的概念没有达成共识，评价不具备可操作性。

将绿色建筑材料的研究、生产和高效利用能源技术与绿色建筑材料相结合，是未来绿色建筑的发展方向。

国务院办公厅转发的国办发〔2013〕1 号文件，《绿色建筑行动方案》关于大力发展绿色建材是这样表述的：

“因地制宜、就地取材，结合当地气候特点和资源禀赋，大力发展安全耐久、节能环保、施工便利的绿色建材。加快发展防火隔热性能好的建筑保温系统和材料，积极发展烧结空心制品、加气混凝土制品、多功能复合一体化墙体材料、一体化屋面、低辐射

镀膜玻璃、断桥隔热门窗、遮阳系统等建材。引导高性能混凝土、高强钢的发展利用，到2015年年末，标准抗压强度60兆帕以上混凝土用量达到总用量的10%，屈服强度400兆帕以上的热轧带肋钢筋用量达到总用量的45%。大力发展预拌混凝土、预拌砂浆。深入推进墙体材料革新，城市城区限制使用黏土制品，县城禁止使用实心黏土砖。发展改革、住房城乡建设、工业和信息化、质检部门要研究建立绿色建材认证制度，编制绿色建材产品目录，引导规范市场消费。质检、住房城乡建设、工业和信息化部门要加强建材生产、流通和使用环节的质量监理和稽查，杜绝性能不达标的建材进入市场。积极支持绿色建材产业发展，组织开展绿色建材产业化示范。”

第二节　国外绿色建材的发展及评价

当1988年的国际材料科学研究会上首次提出“绿色建材”这一概念的4年之后，1992年在里约热内卢的“世界环境与发展”大会上，确定了建筑材料可持续发展的战略方针，制定了未来建材工业循环再生、协调共生、维持自然的发展原则。1994年联合国又增设了“可持续产品开发”工作组。随后，国际标准化机构（ISO）开始讨论制定环境调和制品（ECP）的标准化，大力推进绿色建材的发展。近30年来，欧、美、日等国对绿色建材的发展非常重视，特别是20世纪90年代后，绿色建材的发展速度明显加快，先后制定了有机挥发物（VOC）散发量的试验方法，规定了绿色建材的性能标准，对建材制品开始推行低VOC散发量标志认证，并积极开发了绿色建材新产品。在提倡和发展绿色建材的基础上，一些国家修建了居住或办公用样板绿色建筑。

一、德国

德国的环境标志计划始于1977年，是世界上最早的环境标志计划，低VOC散发量的产品可获得“蓝天使”标志。考虑的因素主要包括污染物散发、废料产生、再次循环使用、噪声和有害物质等。对各种涂料规定最大VOC含量，禁用一些有害材料。对于木制品的基本材料，在标准室试验中的最大甲醛浓度为0.1×10^{-6}或4.5mg/100g（干板），装饰后产品在标准室试验中的最大甲醛浓度为0.05×10^{-6}，最大散发率为$2mg/m^3$。液体色料由于散发烃，不允许被使用。此外，很多产品不允许含德国危害物资法令中禁用的任何填料。

德国开发的“蓝天使”标志的建材产品，侧重于从环境危害大的产品入手，取得了很好的环境效益。在德国，带“蓝天使”标志的产品已超过3 500个。“蓝天使”标志已被约80%的德国用户所接受。

二、加拿大

加拿大是积极推动和发展绿色建材的北美国家。加拿大的 Ecologo 环境标志计划规定了材料中的有机物散发总量（TVOC），如水性涂料的 TVOV 指标为不大于 250 g/L，胶黏剂的 TVOC 指标规定为不大于 20 g/L，不允许用硼砂。

三、美国

美国是较早提出使用环境标志的国家，均由地方组织实施，虽然至今对健康材料还没有做出全国统一的要求，但各州、市对建材的污染物已有严格的限制，而且要求越来越高。材料生产厂家都感觉到各地环境规定的压力，不符合限定的产品要缴纳重税和罚款。环保压力导致很多产品的更新，特别是开发出越来越多的低有机挥发物含量的产品。

华盛顿州要求为办公人员提供高效率、安全和舒适的工作环境，颁布建材散发量要求来作为机关采购的依据。

四、丹麦

丹麦于 1992 年发起建筑材料室内气候标志（DICL）系统。材料评价的依据是最常见的与人体健康有关的烟雾气味和黏液膜刺激 2 个项目。目前已经制定了 2 个标准：一个是关于织物地面材料的（如地毯、衬垫等）；另一个是关于吊顶材料和墙体材料的（如石膏板、矿棉、玻璃棉、金属板等）。

五、瑞典

瑞典的地面材料业很发达，大量出口，已实行了自愿性试验计划，测量其化学物质散发量。对地面物质以及涂料和清漆，也在制定类似的标准，还包括对混凝土外加剂。

六、日本

日本政府对绿色建材的发展非常重视。于 1988 年开展使用环境标志，至今环保产品已有 2 500 多种，日本科技厅制定并实施了“环境调和材料研究计划”。通产省制定了环境产业设想并成立了环境调查和产品调整委员会。近年来在绿色建材的产品研究和开发以及健康住宅样板工程的兴起等方面都获得了可喜的成果。如秩父—小野田水泥已建成了日产 50 t 生态水泥的实验生产线；日本东陶公司研制成可有效地抑制杂菌繁殖和防止霉变的保健型瓷砖；日本铃木产业公司开发出具有调节湿度功能和防止壁面生霉的壁砖和可净化空气的预制板等。

日本于1997年夏天在兵库县建成一栋实验型“健康住宅”，整个住宅尽可能选用不会危害健康的新型建筑材料，九州市按照日本省能源、减垃圾的“日本环境生态住宅地方标准”要求，建造了一栋环保生态高层住宅，是综合利用天然材料建造住宅的尝试。

七、英国

英国是研究开发绿色建材较早的欧洲国家之一。早在1991年英国建筑研究院（BRE）曾对建筑材料对室内空气质量产生的有害影响进行研究；通过对臭味、真菌等的调研和测试，提出了污染物、污染源对室内空气质量的影响。通过对涂料、密封膏、胶黏剂、塑料及其他建筑制品的测试，提出了这些建筑材料在不同时间的有机挥发物散发率和散发量。对室内空气质量的控制、防治提出了建议，并着手研究开发了一些绿色建筑材料。

第三节 国内绿色建筑材料的发展及评价

绿色是我国建筑发展的方向。我国的建材工业发展的重大转型期已经到来。主要表现为：从材料制造到制品制造的转变；从高碳生产方式到低碳生产方式的转变；从低端制造到高端制造的转变。据此，国内专家预测，“十二五”期间，水泥、平板玻璃、陶瓷、烧结墙体材料等建筑基础原材料将难以获得市场发展空间，相比之下节能环保的绿色建材将成为发展的主流。

一、发展绿色建材的必要性

1. 高能源消耗、高污染排放的状况必须改变

传统建材工业发展，主要依靠资源和能源的高消耗支撑。建材工业是典型的资源依赖型行业。

当代的中国经济，一年消耗了全世界一年钢铁总量的45%，水泥总量的60%。一年消耗的能源占了全世界一年能源消耗总量的20%多。据国内统计，墙体材料资源消耗量和水泥消耗量，就占建材全行业资源消耗量的90%以上。建材工业能耗随着产品产量的提高，逐年增大，建材工作以窑炉生产为主，以煤为主要消耗能源，生产过程中产生的污染物对环境有较大的影响，主要排放的污染物有粉尘和烟尘、二氧化硫、氮氧化物等，特别是粉尘和烟尘的排放量较大。为了改变建材高资源消耗和高污染排放的状况，必须发展绿色建材。

2. 建材工业可持续发展必须发展绿色建材

实现建材工业的可持续发展，就要逐步改变传统建筑材料的生产方式，调整建材工

业产业结构。依靠先进技术，充分合理利用资源，节约能源，在生产过程中减少对环境的污染，加大对固体废弃物的利用。

绿色建材是在传统建材的基础上应用现代科学技术发展起来的高技术产品，它采用大量的工业副产品及废弃物为原料，其生产成本比使用天然资源会有所降低，因而会取得比生产传统建材更好的经济效益，这是在市场经济条件下可持续发展的原动力。

如普通硅酸盐水泥不仅要求高品位的石灰石原料烧成温度在 1 450℃以上，消耗更多能源和资源，而且排放更多的有害气体。据统计，水泥工厂所排放的 CO_2，占全球 CO_2 排放量的 5% 左右，CO_2 主要来自石灰石的煅烧。如采用高新技术研究开发节能环保型的高性能贝利特水泥，其烧成温度仅为 1 200 ～ 1 250℃，预计每年可节省 1000 万 t 标准煤，可减少 CO_2 总排放量 25% 以上，并且可利用低品位矿石和工业废渣为原料，这种水泥不仅具有良好的强度、耐久性和抗化学侵蚀性，而且所产生的经济和社会效益也十分显著。

如我国的火力发电厂每年产生粉煤灰约 1.5 亿 t，要将这些粉煤灰排入灰场需增加占地约 1 000 hm^2，由此造成的经济损失每年高达 300 亿元，如果将这些粉煤灰转化为可利用的资源，所取得的经济效益将十分可观。

3. 有利于人类的生存与发展必须发展绿色建材

良好的人居环境是人体健康的基本条件，而人体健康是对社会资源的最大节约，也是人类社会可持续发展的根本保证。绿色建材避免使用了对人体十分有害的甲醛、芳香族碳氢化合物及含有汞、铅、铬化合物等物质，可有效减少居室环境中致癌物质的出现。使用绿色建材减少了 CO_2、SO_2 的排放量，可有效减轻大气环境的恶化，降低温室效应。没有良好的人居环境，没有人类赖以生存的能源和资源，也就没有了人类自身，因此，为了人类的生存和发展必须发展绿色建材。

二、国内绿色建材发展的现状

我国绿色建材是随着改革开放不断深入而发展起来的。从 1979 年到现在，基本完成了从无到有、从小到大、从大到强的发展过程。目前我国已初步形成了从绿色建材科研、设计、生产到施工的一个完整的系统工程。

绿色建筑材料是在传统建筑材料基础上产生的新一代建筑材料，主要包括新型墙体材料、保温隔热材料、防水密封材料和装饰装修材料等。根据《2013—2017 年中国新型建材行业深度调研与投资战略规划分析报告》披露，2011 年中国城镇化率首次超过 50%。随着城镇化的深入，基建投资结构将由传统建材逐渐向城市配套性绿色建材转变。在政策推动下，生产绿色建材行业将受益绿色城镇化，迎来高成长期。

未来的 20 年，我国新建筑的总数量仍会占世界新建筑总量的一半以上，我国的绿色建材发展会影响世界的可持续发展。

按照土木工程材料功能分类，下面分别以结构材料和功能材料的发展做相关补充介绍。

1. 结构材料

传统的建筑结构用建筑材料有木材、石材、黏土砖、钢材和混凝土，当代建筑结构用材料主要为钢材和混凝土。

（1）木材、石材

木材、石材是自然界提供给人类最直接的建筑材料，不经加工或通过简单的加工就可用于建筑。木材和石材消耗自然资源，如果自然界的木材的产量与人类的消耗量相平衡，那么木材应是绿色的建筑材料；石材虽然消耗了矿山资源，但由于它的耐久性较好，生产能耗低，重复利用率高，也具有绿色建筑材料的特征。

目前能取代木材的绿色建材还不是很多，其中应用较多的是一种绿色竹材人造板，竹材资源已成为替代木材的后备资源。竹材人造板是以竹材为原料，经过一系列的机械和化学加工，在一定的温度和压力下，借助胶黏剂或竹材自身的结合力的作用，胶合而成的板状材料，具有强度高、硬度大、韧性好、耐磨等优点，可用来替代木材做建筑模板等。

（2）砌块

黏土砖虽然能耗比较低，但是以毁坏土地为代价的，我国 20 世纪 90 年代开始限制使用黏土砖到如今基本禁止生产和使用。今后墙体绿色材料的主要发展方向，是利用工业废渣替代部分或全部天然黏土资源。

目前，全国每年产生的工业废渣数量巨大、种类繁多、污染环境严重。

我国对工业废渣的利用做了大量的研究工作，实践证明，大多数工业废渣都有一定的利用价值。报道较多且较成熟的方法是将工业废渣粉磨达到一定细度后，作为混凝土胶凝材料的掺合料使用，该种方法适用于粉煤灰、矿渣、钢渣等工业废渣。对于赤泥、磷石膏等工业废渣，国外目前还没有大量资源化利用的文献报道。

建筑行业是消纳工业废渣的大户。据统计，全国建筑业每年消耗和利用的各类工业废渣数量在 5.4 亿 t 左右，约占全国工业废渣利用总量的 80%。

目前全国有 1/3 以上的城市被垃圾包围。全国城市垃圾堆存累计占用土地 75 万亩，其中建筑垃圾占城市垃圾总量的 30% ~ 40%。如果能循环利用这些废弃固体物，绿色建筑将可实现更大的节能。

1）废渣砌块主要种类。

①粉煤灰蒸压加气混凝土砌块（以水泥、石灰、粉煤灰等为原料，经磨细、搅拌浇筑、发气膨胀、蒸压养护等工序制造而成的多孔混凝土）。

②磷渣加气混凝土（在普通蒸压加气混凝土生产工艺的基础上，有富含 CaO、SiO_2

的磷废渣来替代部分硅砂或粉煤灰作为提供硅质成分的主要结构材料）。

③磷石膏砌块(磷铵厂和磷酸氢钙厂在生产过程中排出的废渣,制成磷石膏砌块等)。

④粉煤灰砖（以粉煤灰、石灰或水泥为主要原料，掺和适量石膏、外加剂、颜料和集料等，以坯料制备、成型、高压或常压养护而制成的粉煤灰砖）。

⑤粉煤灰小型空心砌块[以粉煤灰、水泥、各种轻重集料、水为主要组分（也可加入外加剂等）拌和制成的小型空心砌块]。

2）技术指标与技术措施。

①废渣蒸压加气混凝土砌块。废渣蒸压加气混凝土砌块应满足《蒸压加气混凝土砌块》（GB 11968—2006）和《蒸压加气混凝土建筑应用技术规程》（JGJ/T 17—2008）的相关要求。

废渣蒸压加气混凝土砌块施工详见国家标准设计图集，后砌的非承重墙、填充墙或墙与外承重墙相交处，应沿墙高 900 ~ 1 000 mm 处用钢筋与外墙拉接，且每边伸入墙内的长度不得小于 700 mm。废渣蒸压加气混凝土砌块施工应采用专用砌筑砂浆和抹面砂浆，砂浆性能应满足《蒸压加气混凝土用砌筑砂浆和抹面砂浆》（JC 890—2001）的要求，施工中应避免加气混凝土湿水。

废渣蒸压加气混凝土砌块适用于多层住宅的外墙、框架结构的填充墙、非承重内隔墙；作为保温材料，用于部位为屋面、地面、楼面以及与易于“热桥”部位的结构符合，也可做墙体保温材料。

适用于夏热冬冷地区和夏热冬暖地区的外墙、内隔墙和分户墙。

建筑加气混凝土砌块之所以在世界各国得到迅速发展,是因为它有一系列的优越性,如节能减排等。废渣加气混凝土砌块作为建筑加气混凝土砌块中的新型产品，比普通加气混凝土砌块更具有优势，具有良好的推广应用前景。

②磷石膏砌块。高强耐水磷石膏砖和磷石膏盲孔砖技术指标参照《蒸压灰砂砖》（GB 11945—1999）的技术性能要求。

高强耐水磷石膏砌块和磷石膏盲孔砌块可适用于砌体结构的所有建筑的外墙和内填充墙；不得用于长期受热（200℃以上），受急冷急热和有酸性介质侵蚀的建筑部分。

适用于工业和民用建筑中框架结构以及墙体结构建筑的非承重内隔墙，空气湿度较大的场合，应选用防潮石膏砌块。由于石膏砌块具有质轻、隔热、防火、隔声等良好性能，可锯、钉、铣、钻，表面平坦光滑，不用墙体抹灰等特点，具有良好的推广应用前景。

③粉煤灰砌块（砖）。粉煤灰混凝土小型空心砌块具有轻质、高强、保温隔热性能好等特点，其性能应满足《粉煤灰混凝土小型空心砌块》（JC/T 862—2008）的技术要求。

粉煤灰实心砖性能应满足《粉煤灰砖》（JC 239—2001）的技术要求，以粉煤灰、页岩为主要原料结焙烧而形成的普通砖应满足《烧结普通砖》（GB 5101—2003）的技术要求。

粉煤灰混凝土小型空心砌块适用于工业与民用建筑房屋的承重和非承重墙体。其中承重砌块强度等级分为MU7.5～20，可用于多层及中高层（8～12层）结构；非承重砌块强度等级＞MU3.0时，可用于各种建筑的隔墙、填充墙。

粉煤灰混凝土小型空心砌块为住房和城乡建设部、国家科委重点推广产品，除具有粉煤灰砖的优点外，还具有轻质、保温、隔声、隔热、结构科学、造型美观、外观尺寸标准等特点，是替代传统墙体材料——黏土实心砖的理想产品。

我国近年来工业废渣年排放量近10亿t，累计总量已达66亿t，实际上绝大部分工业废渣均可替代为黏土砖原料，但利用率却很低。近年来，通过各方面的努力，我国绿色墙体材料发展较快，在墙体材料总量中的比例由1987年的4.58%上升到当今的80%以上。绿色墙体材料品种主要有黏土空心砖、非黏土砖、加气混凝土砌块等。绿色墙体材料虽然发展很快，但代表墙体材料现代水平的各种轻板、复合板所占比重仍很小，还不到整个墙体材料总量的1%，与工业发达国家相比，相对落后40～50年。主要表现在：产品档次低、工艺装备落后、配套能力差。

（3）钢材

钢材的耗能和污染物排放量，在建筑材料中是第一的。由于钢材的不可替代性，“绿色钢材”的主要发展方向是在生产过程中如何提高钢材的绿色“度”；如在环保、节能、重复使用方面，研究发展新技术，加快钢材的绿色化进程，如提高钢强度、轻型、耐腐蚀等。

（4）混凝土

混凝土是由水泥和集料组成的复合材料。生产能耗大，主要是由水泥生产造成的。传统的水泥生产需要消耗大量的资源与能量，并且对环境的污染很大。水泥生产工艺的改善是绿色混凝土发展的重要方向。目前，水泥绿色生产工艺主要采用新型干法生产工艺取代落后的立窑等工艺。

当今土木工程使用的绿色混凝土主要有低碱性混凝土、多孔（植生）混凝土、透水混凝土、生态净水混凝土等，其中应用较广泛的是多孔（植生）混凝土。

多孔（植生）混凝土也称为无砂混凝土，直接用水泥作为黏结剂连接粗骨料，它具有连续空隙结构的特征。其透气和透水性能良好，连续空隙可以作为生物栖息繁衍的空间，可以降低环境负荷。

绿色高性能混凝土是当今世界上应用最广泛、用量最大的土木工程材料，然而在许多国家混凝土都面临劣化现象，耐久性不良的严重问题。因劣化引起混凝土结构开裂，甚至崩塌事故屡屡发生，如水工、海工建筑与桥梁尤为多见。

混凝土作为主要建筑材料，耐久的重要性不亚于强度。我国正处于建设高速发展时期，大量高层、超高层建筑及跨海大桥对耐久性有更高的要求。

绿色混凝土是混凝土的发展方向。绿色混凝土应满足如下的基本条件。

1）所使用的水泥必须为绿色水泥。此处的“绿色水泥”是针对“绿色”水泥工业来说的。绿色水泥工业是指将资源利用率和二次能源回收率均提高到最高水平，并能够循环利用其他工业的废渣和废料；技术装备上更加强化了环境保护的技术和措施；粉尘、废渣和废气等的排放量几乎为零，真正做到不仅自身实现零污染、无公害，还因循环利用其他工业的废料、废渣而帮助其他工业进行“三废”消化，最大限度地改善环境。

2）最大限度地节约水泥熟料用量，减少水泥生产中的 NO_2、SO_2、NO 等气体，以减少对环境的污染。

3）更多地掺入经过加工处理的工业废渣，如磨细矿渣、优质粉煤灰、硅灰和稻壳灰等作为活性掺合料，以节约水泥，保护环境，并改善混凝土耐久性。

4）大量应用以工业废液尤其是黑色纸浆废液为原料制造的减水剂，以及在此基础上研制的其他复合外加剂，帮助造纸工业消化处理难以治理的废液排放污染江河的问题。

5）集中搅拌混凝土和大力发展预拌混凝土，消除现场搅拌混凝土所产生的废料、粉尘和废水，并加强对废料和废水的循环使用。

6）发挥 HPC 的优势，通过提高强度、减小结构截面积或结构体积，减少混凝土用量，从而节约水泥、砂、石的用量；通过改善和易性提高浇筑密实性，通过提高混凝土耐久性，延长结构物的使用寿命，进一步节约维修和重建费用，做到对自然资源有节制的使用。

7）砂石料的开采应该有序且以不破坏环境为前提。积极利用城市固体垃圾，特别是拆除的旧建筑物和构筑物的废弃物混凝土、砖、瓦及废物，以其替代天然砂石料，减少砂石料的消耗，发展再生混凝土。

2. 功能材料

目前国内建筑功能材料迅速发展，正在形成高技术产业集群。我国高新技术（863）计划、国家重大基础研究（973）计划、国家自然科学基金项目中功能材料技术项目约占新材料领域的 70%，并取得了研究成果。

建筑绿色功能材料主要体现在以下三个方面。

节能功能材料。如各类新型保温隔热材料，常见的产品主要有聚苯乙烯复合板、聚氨酯复合板、岩棉复合板、钢丝网架聚苯乙烯保温墙板、中空玻璃、太阳能热反射玻璃等。

充分利用天然能源的功能材料。将太阳能发电、热能利用与建筑外墙材料、窗户材料、屋面材料和构件一体化，如太阳能光电屋顶、太阳能电力墙、太阳能光电玻璃等。

改善居室生态环境的绿色功能材料，如健康功能材料（抗菌材料、负离子内墙涂料）、调温、调湿内墙材料、调光材料、电磁屏蔽材料等。

（1）保温隔热材料

1980 年以前，我国保温材料的发展十分缓慢，为数不多的保温材料厂只能生产少量的膨胀珍珠岩、膨胀蛭石、矿渣棉、超细玻璃棉、微孔硅酸钙等产品。无论是从产品品种、规格还是质量等方面都不能满足国家建筑节能的需要，与国外先进水平相比较，至少落后了30年。2007年以后，国内的保温隔热材料总算有了长足的发展，但与发达国家相比主要差距是：

1）保温隔热材料在国外的最大用户是建筑业，约占产量的80%，而我国建筑业市场尚未完全打开，其应用量仅占产量的10%；

2）生产工艺整体水平和管理水平需进一步提高，产品质量不够稳定；

3）科研投入不足，应用技术研究和产品开发滞后，特别是保温材料在建筑中的应用技术研究与开发方面，多年来进展缓慢，严重地影响了保温材料工业的健康发展；

4）加强新型保温隔热材料和其他新型建材制品设计施工应用方面的工作，是发展新型建材工业的当务之急。

如今，全球保温隔热材料正朝着高效、节能、薄层、防水外护一体化方向发展。

（2）防水材料

建筑防水材料是一类能使建筑物和构筑物具有防渗、防漏功能的材料，是建筑物的重要组成部分。建筑防水材料应具有的基本性能：防渗防漏、耐候（温度稳定性）、具有拉力（延伸性）、耐腐蚀、工艺性好、耗能少、环境污染小。

传统防水材料的缺点：热施工、污染环境、温度敏感性强、施工工序多、工期长。

自改革开放以来，我国建筑防水材料获得了较快的发展，体现了“绿色”，一是材料“新”，二是施工方法“新”。

新型防水材料的开发、应用，它不仅在建筑中与密封、保温要求相结合，也在舒适、节能、环保等各个方面提出更新的标准和更高的要求。应用范围已扩展到铁路、高速公路、水利、桥梁等各个领域。

如今，我国已能开发与国际接轨的新型防水材料。

当前，按国家建材行业及制品导向目录要求及市场走势，SBS、APP改性沥青防水卷材仍是主导产品。高分子防水卷材重点发展三元乙丙橡胶（EPDM）、聚氯乙烯（PVC）P型两种产品，并积极开发热塑性聚烯酯（TPO）防水卷材。防水涂料前景看好的是聚氯酯防水材料（尤其是环保单组分）及丙烯酸酯类。密封材料仍重点发展硅酮、聚氨酯、聚硫、丙烯酸等。

“十一五”期间，新型防水材料年平均增长率将逐步加大，预计在全国防水工程的占有率达到50%以上。

新型防水材料应用于工业与民用建筑，特别是住宅建筑的屋面、地下室、厕浴、厨房、地面建筑外墙防水，还将广泛用于新建铁路、高速公路、轻轨交通（包括桥面、隧道）、水利建设、城镇供水工程、污水处理工程、垃圾填埋工程等。

建筑防水材料随着现代工业技术的发展，正在趋向于高分子材料化。国际上形成了“防水工程学”“防水材料学”等学科。

日本是建筑防水材料发展最快的国家之一。多年来，他们注意汲取其他国家防水材料的先进经验，并大胆使用新材料、新工艺，使建筑防水材料向高分子化方向发展。

建筑简便的单层防水，建筑防水材料趋向于冷施工的高分子材料，是我国今后建筑绿色防水材料的发展方向。

（3）装饰装修材料

建筑装饰装修工程，在建筑工程中的地位和作用，随着我国经济的发展和加快城镇化建设，已经成为一个独立的新兴行业。

建筑装饰装修的作用：保护建筑物的主体结构，完善建筑物的使用功能，美化建筑物。装饰装修对美化城乡建筑，改善人居和工作环境具有十分重要的意义，人们已经认识到了，改善人居环境绝不能以牺牲环境和健康作为代价。

绿色装饰装修材料的基本条件：环保、节能、多功能、耐久。

三、绿色建筑材料的评价

如何评价“绿色建材”，目前国内还没有统一的标准。因此，制定一套可行的“绿色建材评价标准”已成为当务之急。2002 年，为了响应兴办“绿色奥运”的主题，科技部和北京市委设立了“奥运绿色建筑评估体系的研究”课题，其中对绿色建材的评价进行了初步的研究，但到目前为止仍然没有颁布统一的评价标准。其主要原因是在评价标准中，对存在着一些问题没有达成共识。本书在这里做出简要概述。

1. 绿色建筑材料评价的体系

（1）单因子评价

单因子评价，即根据单一因素及影响因素确定其是否为绿色建材。例如，对室内墙体涂料中有害物质限量（甲醛、重金属、苯类化合物等）做出具体数位的规定，符合规定的就认定为绿色建材，不符合规定的则为非绿色建材。

（2）复合类评价

复合类评价，主要由挥发物总含量、人体感觉试验、防火等级和综合利用等指标构成。并非根据其中一项指标判定是否为绿色建材，而是根据多项指标综合判断，最终给出评价，确定其是否为绿色建材。

从以上两种评价角度可以看出，绿色建材是指那些无毒无害、无污染、不影响人和环境安全的建筑材料。这两种评价实际上就是从绿色建材定义的角度展开，同时是对绿色建材内涵的诠释，不能完全体现出绿色建材的全部特征。这种评价的主要缺陷局限于成品的某些个体指标，而不是从整个生产过程综合评价，不能真正地反映材料的绿色化程度。同时，它只考虑建材对人体健康的影响，并不能完全反映其对环境的综合影响。这样就会造成某些生产商对绿色建材内涵的片面理解，为了达到评价指标的要求，而忽视消耗的资源、能源及对环境的影响远远超出了绿色建材所要求的合理范围。例如，某新型墙体材料能够替代传统的黏土砖同时能够利用固体废弃物，从这里可能评价为符合绿色建材的标准，但从生产过程来看，若该种墙体材料的能耗或排放的“三废”远远高于普通黏土砖，我们就不能称它为绿色建材。

故单因子评价、复合类评价只能作为一种简单的鉴别绿色建材的手段。

（3）全生命周期（LCA）评价

目前国际上通用的是全生命周期评价体系。1990 年国际环境毒理学与化学学会（SETAC）将全生命周期评价定义为：一种对产品、生产工艺及活动对环境的压力进行评价的客观过程。这种评价贯穿于产品、工艺和活动的整个生命周期，包括原材料的采取与加工、产品制造、运输及销售产品的使用、再利用和维护、废物循环和最终废弃物弃置等方面。它是从材料的整个生命周期对自然资源、能源及对环境和人类健康的影响等多方面多因素进行定性和定量评估。能全面而真实地反映某种建筑材料的绿色化程度，定性和定量评估提高了评价的可操作性。

尽管生命周期评价是目前评价建筑材料的一种重要方法，但也有其局限性：

1）建立评估体系需要大量的实践数据和经验积累，评价过程中的某些假设与选项有可能带有主观性，会影响评价的标准性和可靠性。

2）评估体系及评估过程复杂，评估费用较高。就我国目前的情况来看，利用该方法对我国绿色建材进行评价还存在一定的难度。

2. 制定适合我国国情的绿色建材评价体系

我国绿色建材评价系统起步较晚，但为了把我国的绿色建筑提高到一个新的水平，故需要制定一部科学而又适合国情的绿色建材评价标准和体系。

（1）绿色建材评价应考虑的因素

1）评价应选用使用量大而广的绿色建材。

从理念上讲，绿色建材评价应针对全部建材产品，但考虑到我国目前建材的发展水平和在建材方面的评估认证等相关基础工作开展情况，我国的建材评价体系不可能全部覆盖。建材处于不同发展阶段相应的评价标准也不尽相同。评价体系最初主要从使用量最大、使用范围最广、人们最关心的开始。随着建材工业的发展和科技的进步，不断地对标准进行完善，逐步扩大评价范围。

2）评价必须满足的两大标准。

一是质量指标，主要指现行国家或行业标准规定的产品的技术性能指标，其标准应为国家或行业现行标准中规定的最低值或最高值，必须满足质量指标才有资格参与评定绿色建材；二是环境（绿色）指标，是指在原料采取、产品制造、使用过程和使用以后的再生循环利用等环节中对资源、能源、环境影响和对人类身体健康无危害程度的评价指标。同时，为鼓励生产者改进工艺，淘汰落后产能，提高清洁生产水平，也可设立相应的附加考量标准。

3）评价必须与我国建材技术发展水平相适应。

评价要充分考虑消费者、生产者的利益，绿色建材评价标准的制定必须与我国建材技术的发展水平相适应。评价不能安于现状，还要根据社会可持续发展的要求，适应生产力发展水平。同时，体系应有其动态性，随着科技的发展，相应的指标限值必将做出适当的调整。此外，要充分考虑消费者和生产者的利益。某些考虑指标的具体限值要在充分调研的基础上确定，既不能脱离生产实际，将其仅仅定位于国家相关行业标准的水平，也不能一味地追求“绿色”，将考量指标的限位定位过高。科学的评价标准不仅能使广大消费者真正使用绿色建材，也能促使我国建材生产者规范其生产行为，促进我国建材行业的发展。

（2）绿色建材的评价需要考虑的原则

1）相对性原则。绿色建筑材料都是相对的，需要建立绿色度的概念和评价方法。例如，混凝土、玻璃、钢材、铝型材、砖、砌块、墙板等建筑结构材料，在生命周期的不同阶段的绿色程度是不同的。

2）耐久性原则。建筑的安全性建立在建筑的耐久性之上，建筑材料的寿命应该越久越好。耐久性应该成为评价绿色建材的重要原则。

3）可循环性原则。对建筑材料及制品的可循环要求是指建筑整体或部分废弃后，材料及构件制品的可重复使用性，不能使用后的废弃物作为原料的可再生性。这个原则是绿色建材的必然要求。

4）经济性原则。绿色建筑和绿色建材的发展毕竟不能超越社会经济发展的阶段。逐步提高绿色建材的绿色度要求，在满足绿色建筑和绿色建材设计要求的前提下，要尽量节约成本。

第四节　绿色建筑材料的应用

一、结构材料

1. 石膏砌块

建筑石膏砌块，以建筑石膏为主要原料，经加水搅拌、浇筑成型和干燥制成的轻质建筑石膏制品。生产中加入轻集料发泡剂以降低其质量，或加入水泥、外加剂等以提高其耐水性和强度。石膏砌块分为实心砌块和空心砌块两类，品种规格多样。施工非常方便，是一种非承重的绿色隔墙材料。

目前全世界有 60 多个国家生产与使用石膏砌块，主要用于住宅、办公楼、旅馆等作为非承重内隔墙。

国际上已公认石膏砌块是可持续发展的绿色建材产品，在欧洲占内墙总用量的 30% 以上。

石膏砌块自 20 世纪 80 年代被引进我国。在这近 30 年间，石膏砌块虽然没有像其他水泥类墙体材料一样得到广泛的应用，但也在稳步发展。自 2000 年以后，随着我国墙体改革的推进，为石膏砌块等新型墙体绿色材料提供了发展的空间。

石膏砌块的优良特性：

1）减轻房屋结构自重。降低建筑承重结构及基础的造价，提高了建筑的抗震能力。

2）防火好。石膏本身所含的结晶水遇火汽化成水蒸气，能有效地防止火灾蔓延。

3）隔声保温。石膏质轻导热系数小，能衰减声压与减缓声能的透射。

4）调节湿度。能根据环境湿度变化，自动吸收、排出水分，使室内湿度相对稳定，居住舒适。

5）施工简单。墙面平整度高，无须抹灰，可直接装修，缩短施工工期。

6）增加面积。墙身厚度减小，增加了使用面积。

2. 陶粒砌块

目前我国的城市污水处理率达 80% 以上，处理污泥的费用很高。将污泥与煤粉灰混合做成陶粒骨料砌块，用来做建筑外墙的围护结构，陶粒空心砌块的保温节能效果可以达到节能的 50% 以上。

粉煤灰陶粒小型空心砌块的特点：施工不用界面剂、不用专用砂浆、施工方法似同烧结多孔砖。隔热保温、抗渗抗冻、轻质隔声。根据施工需求的不同可以生产不同等级的陶粒空心砌块。

二、装饰装修材料

1. 硅藻泥

硅藻泥是一种天然环保装饰材料，用来替代墙纸和乳胶漆，适用公共和居住建筑的内墙装饰。

硅藻泥的主要原材料是历经亿万年形成的硅藻矿物——硅藻土，硅藻是一种生活在海洋中的藻类，经亿万年的矿化后形成硅藻矿物，其主要成分为蛋白石。硅藻质地轻柔、多孔。电子显微镜显示，硅藻是一种纳米级的多孔材料，孔隙率高达 90%。其分子晶格结构特征，决定了其独特的功能：

1）天然环保。硅藻泥由纯天然无机材料构成，不含任何有害物质。

2）净化空气。硅藻泥产品具备独特的“分子筛”结构和选择性吸附性能，可以有效去除空气中的游离甲醛、苯、氨等有害物质及因宠物、吸烟、垃圾所产生的异味，净化室内空气。

3）色彩柔和。硅藻泥选用无机颜料调色，色彩柔和。墙面反射光线自然柔和，人不容易产生视觉疲劳，尤其对保护儿童视力效果显著。硅藻泥墙面颜色持久，长期如新，减少墙面装饰次数，节约了居室成本。

4）防火阻燃。硅藻泥防火阻燃，当温度上升至1300℃时，硅藻泥仅呈熔融状态，不会产生有害气体。

5）调节湿度。不同季节及早晚环境空气温度的变化，硅藻泥可以吸收或释放水分，自动调节室内空气湿度，使之达到相对平衡。

6）吸声降噪。硅藻泥具有降低噪声功能，可以有效地吸收对人体有害的高频音段，并衰减低频噪声功能。

7）不沾灰尘。硅藻泥不易产生静电，表面不易落尘。

8）保温隔热。硅藻泥热传导率很低，具有非常好的保温隔热性能，其隔热效果是同等厚度水泥砂浆的6倍。

硅藻泥墙面应用技术源于20世纪70年代的日本和欧美。硅藻泥于2003年开始用于我国房屋建筑内装修。

2. 液体壁纸

液体壁纸又称壁纸漆，是集壁纸和乳胶漆特点于一身的环保水性涂料。把涂料从人工合成的平滑型时代带进天然环保型凹凸涂料的全新时代，成为现代空间最时尚的装饰元素。液体壁纸采用丙烯酸乳液、钛白粉、颜料及其他助剂制成，也有采用贝壳类表体经高温处理而成。具有良好的防潮、抗菌性能，不易生虫、耐酸碱、不起皮、不褪色、不开裂、不易老化等众多优点。

3. 生态环境玻璃

玻璃工业是高能耗、高污染（平板玻璃生产主要产生粉尘、烟尘和SO_2等）的产业。

生态环境玻璃是指具有良好的使用性能或功能，对资源能源消耗少和对生态环境污染小，再生利用率高或可降解与循环利用，在制备、使用、废弃直到再生利用的整个过程与环境协调共存的玻璃。

其主要功能是降解大气中由于工业废气和汽车尾气的污染和有机物污染，降解积聚在玻璃表面的液态有机物，抑制和杀灭环境中的微生物，并且玻璃表面呈超亲水性，对水完全保湿，可以隔离玻璃表面与吸附的灰尘、有机物，使这些吸附物不易与玻璃表面相结合，在外界风力、雨水淋和水冲洗等外力和吸附物自重的推动下，灰尘和油腻自动地从玻璃表面剥离，达到去污和自洁的要求。在作为结构和采光用材的同时，转向控制光线、调节湿度、节约能源、安全可靠、减少噪声等多功能方向发展。

第二章 绿色建筑的概念及发展状况

第一节 绿色建筑理念

一、可持续发展理论的提出及其内涵

近代以来，人们欣喜、陶醉于工业革命的巨大成就，整个社会物质、技术以前所未有的速度迅猛地发展着，对地球及其周围环境不间断地物质索取，将人类的欲望逐渐推向极致，却也使人类自身的生存濒临危难的困境，在这种情况下可持续发展的理论得以提出，并迅速蔓延。

（一）可持续发展的概念

1987年，联合国世界环境与发展委员会发布了长篇报告《我们共同的未来》，首次提出了“可持续发展”的定义，即“既满足当代人的需要，又不危及后代人满足其需求的发展”。

1991年，世界自然保护同盟、联合国环境署和世界野生生物基金会共同发表了《保护地球可持续生存战略》，将“可持续发展”定义为“在生存于不超出维持生态系统涵容能力的情况下，改善人类的生活品质”。

可见，可持续发展的含义是极其丰富和深刻的。一般来说，可持续发展的关键是保证发展的可持续性，要做好共同、协调、公平、多维、高效发展等方面。

可持续发展思想的共同发展主要是指地球生态系统中的各个子系统一起发展。

可持续发展思想的协调发展主要是指经济、社会、环境三大系统以及世界、国家、地区三个空间层面的协调发展，还包括经济与人口、资源、环境、社会以及内部各个阶层的协调发展。

可持续发展思想的公平发展主要是指世界经济在时间和空间上的公平发展，即当代人的发展不能损害后代人的发展，本国或地区的发展不能损害他国或地区的发展。

可持续发展思想的高效发展主要是指经济、社会、资源、环境、人口等协调下的高

效率发展。

可持续发展思想的多维发展主要是指各国与各地区以可持续发展为指导，从本国或地区的具体情况出发，选择与本国或地区实际情况相符的多模式、多样性的可持续发展道路。

（二）可持续发展的内涵

可持续发展的内涵十分丰富，这些观念是对传统发展模式的挑战，是为谋求新的发展模式而建立的新的发展观，也是研究旅游业可持续发展和推进旅游业可持续发展的思想与理论基础。

1. 可持续发展的目的是推动和指导发展的实现

作为一种发展概念，可持续发展的最终目的在于推动和指导发展的实现。发展是人类共同享有的权利，无论是发达国家还是发展中国家，都享有平等的、不容剥夺的发展权利，特别是对发展中国家来说，发展权尤为重要。贫穷和生态恶化把发展中国家拖入了艰难的境地，只有通过发展经济才能为解决贫富分化的社会问题和生态恶化的环境问题提供必要的资金和技术。在这个意义上，实现发展是最终目的，经济增长则是实现发展的必要前提。但是，可持续发展观要求人类重新审视和正视如何实现经济增长的问题。要实现不违背可持续发展的经济增长，人类必须审视使用资源的方式，力求减少损失，杜绝浪费，并尽量不让废弃物进入自然环境，从而减少每单位经济活动造成的环境压力，最终完成由传统经济增长模式向可持续发展模式的转变。

2. 可持续发展以自然资源为基础，同环境承载能力相协调

可持续发展观要求人们必须坚决放弃和改变传统的发展模式，即要减少和消除不能使发展持续下去的生产和消费方式。1992年联合国环境与发展大会《21世纪议程》提出："地球所面临的最主要的问题之一，就是提高生产效率，改变消费，以最高限度地利用资源和最低限度地生产废物。"因此，人类在告别传统的发展模式，实行可持续发展的时候，必须纠正过去那种单纯依靠增加投入、加大消耗实现发展和以牺牲环境增加产出的错误，使人类自身发展与资源环境的发展相适应。

3. 可持续发展以提高生活质量为目标，同社会进步相适应

经济发展的概念远比经济增长的含义广泛、意义深远。如前所述，经济增长一般被定义为人均国民生产总值的提高。但是，单纯致力于人均实际收入的提高，未必能使经济结构发生变化，未必能使一系列社会发展目标得以实现。因此，这种增长就不能被认为是发展，充其量只是属于那种所谓没有发展的增长。更重要的是，可持续发展强调承认自然环境的价值。这种价值不仅体现在环境对经济系统的支撑和服务价值上，也体现在环境对生命保障系统不可缺少的存在价值上。因此，人类应把生产中环境资源的投入和服务，计入生产成本和产品价格中。也就是说，产品价格应当完整地反映出三部分成本。

（1）资源开采或获取的成本。

（2）与开采、获取、使用有关的环境成本（环境净化成本和环境损害成本）。

（3）由于当代人使用了某项资源而不再可能为后代人所利用的效益损失，即用户成本。

4. 可持续发展要求人们改变对待自然界的态度

人类对自然界的态度已经历了屈服于自然到征服自然的转变。随着这种转变，人类开始对大自然恣意索取，对自然资源任意挥霍，以为自己是大自然的主人。然而，人类最终因此而得到了报复，因自己不负责任的作为而付出了惨重的代价。在这个意义上，人类并没有征服自然。同样是在这个意义上，自然将永远不可能为人们所征服。可持续发展要求人类端正对自然界的态度，将人类自己作为自然界大家庭中的一个普通成员看待，使人类与自然和谐相处。对此，人类需要发展新思想、新方法，建立新道德和价值标准，同时需要建立新的行为方式。

二、绿色建筑与可持续发展

（一）“可持续发展”框架下的建筑理念

随着生态环境问题的全球化以及对可持续发展的认识与要求不断加深，各国建筑领域也越来越认识到：建筑的主要目的之一就是为居住或使用者的活动提供一个健康、舒适的环境，这也是建筑的本质功能，如何达到这个目的？近年来，“可持续发展”框架下的建筑理念应运而生。尽管所用词汇不同，侧重点也不一样，但有一点是一致的，就是社会、经济、生态可持续下的建筑。

1. 可持续建筑理念

可持续建筑理念就是追求降低环境负荷，与环境相融合，且有利于居住者健康。其目的在于减少能耗、节约用水、减少污染、保护环境、保护生态、保护健康、提高生产力、有利于子孙后代。实现可持续建筑，必须反映出不同区域的状态和重点，以及需要根据不同区域的特点建立不同的模型去执行。世界经济合作与发展组织对可持续建筑提出了四个原则：一是资源的应用效率原则；二是能源的使用效率原则；三是污染的防治原则（室内空气质量，二氧化碳的排放量）；四是环境的和谐原则。

现在，建筑能耗逐渐提高，建筑材料逐渐增多，而可持续的建筑却少之又少，使人类对化石能源的依赖越来越大，这不利于满足能源长久使用的需要，所以建立可持续的建筑十分必要。可持续的建筑不是把每一个建筑单一地看待，而是在尽可能多地减少能耗、增大空间的同时使之与全社会、大自然相和谐，这就使一个或几个国家很难做到这种全球化的和谐。另外，无论在欧洲、美洲还是中国，可持续建筑节能都具有重要意义，独立、划分区域都不是其应有之义，只有把可持续的节能建筑纳入全球化中，接受全球化的挑战才符合可持续建筑的真正含义。

2. 环境友好建筑

环境友好建筑是指在建筑标准制定方面走环境友好的道路。环境友好建筑就是以人与自然和谐相处为目标，以环境承载力为基础，以遵循自然规律为准则，以绿色科技为动力，在建筑行业倡导环境文化和生态文明，构建建筑经济、社会、环境协调发展体系，实现建筑的可持续发展。循环建筑经济是建设环境友好型社会的重要途径。

环境友好概念是由1992年联合国里约环发大会通过的《21世纪议程》中提出来的。其中有200多处提及包含环境友好含义的"无害环境"概念，并正式提出了"环境友好"的理念。随后，环境友好技术、环境友好产品得到大力提倡和开发。20世纪90年代中后期，国际社会又提出实行环境友好土地利用、环境友好流域管理，建设环境友好城市，发展环境友好农业、环境友好建筑业等。2002年召开的世界可持续发展首脑会议所通过的"约翰内斯堡实施计划"多次提及环境友好材料、产品与服务等概念。

2003年5月，国家环境保护总局决定，通过考核环境指标、管理指标和产品指标共22项子指标，对审定的企业授予"国家环境友好企业"的称号。通过创建"国家环境友好企业"，树立一批经济效益突出、资源合理利用、环境清洁优美、环境与经济协调发展的企业典范，促进企业开展清洁生产，深化工业污染防治，走新型工业化道路。环境友好企业在清洁生产、污染治理、节能降耗、资源综合利用等方面都处于国内领先水平，调动了企业实施清洁生产、发展循环经济、保护环境行为的积极性。

3. 节能建筑

节能建筑也称低能耗建筑，是指遵循气候设计和节能的基本方法，对建筑规划分区、群体和单体、建筑朝向、间距、太阳辐射、风向以及外部空间环境进行研究后，设计并建设成的低能耗建筑，或指设计和建造采用节能型结构、材料、器具和产品的建筑物。在此类建筑物中部分或全部利用可再生能源。节能建筑的特征包括以下几个方面：一是少消耗资源，即在设计、建造、使用中要尽量减少资源消耗；二是高性能品质，即结构用材要有足够强度、耐久性、围护结构以及保温、防水等性能；三是减少环境污染，即采用低污染材料，利用清洁能源；四是长生命周期；五是多回收利用。

中国建筑节能古来有之，但现代意义上的建筑节能起步于20世纪80年代。改革开放以后，建筑业在墙体改革及新型墙体材料方面有了发展。同时，一些高能耗建筑如高档旅馆、公寓、商场也随之出现，而如何与能源供应紧缺的现状相协调，也成为相关部门关注的重点。目前，我国已初步建立了以节能50%为目标的建筑节能设计标准体系，部分地区执行65%节能标准。2008年《民用建筑能效测评标识管理暂行办法》《民用建筑节能条例》等施行。《民用建筑节能条例》的颁布，标志着我国民用建筑节能标准体系已基本形成，基本实现了对民用建筑领域的全面覆盖。

4. 生态建筑

所谓生态建筑，是根据当地的自然生态环境，运用生态学、建筑技术科学的基本原理和现代科学技术手段等，合理安排并组织建筑与其他相关因素之间的关系，使建筑和环境之间成为一个有机的结合体，同时具有良好的室内气候条件和较强的生物气候调节能力，以满足人们对居住生活的环境舒适要求，使人、建筑与自然生态环境之间形成一个良性的循环系统。

生态建筑基于生态学原理规划、建设和管理群体与单体建筑及其周边的环境体系。其设计、建造、使用、维护与管理必须以强化内外生态服务功能为宗旨，达到经济、自然和人文三大生态目标，实现生态、健康的净化、绿化、美化、活化、文化需求。也就是将建筑看成一个生态系统，本质就是能将数量巨大的人口整合居住在一个超级建筑中，通过组织（设计）建筑内外空间中的各种物态因素，使物质、能源在建筑生态系统内部有秩序地循环转换，获得一种高效、低能、无废、无污染、生态平衡的建筑环境。

5. 绿色建筑

在 1992 年举行的联合国环境与发展大会上，与会者第一次比较明确地提出了“绿色建筑”的概念。绿色建筑是一个宏观的概念，它兼顾了土地资源节约、室内环境优化、居住人的健康、节能节水节材等方面的目标。因此，从某种意义上讲，绿色建筑是实施可持续建筑理念的途径之一，包括了上述环境友好建筑、节能建筑、生态建筑等概念。“绿色建筑”中的绿色代表一种概念、象征，是指建筑对环境无害，能充分利用环境自然资源，并且在不破坏环境基本生态平衡条件下建造的一种建筑。绿色建筑设计理念是节约资源，回归自然。

（二）绿色建筑与可持续发展

可持续发展的战略作为我国现代化建设中必须实施的战略，主要包括社会的可持续发展、生态的可持续发展和经济的可持续发展等。

可持续发展是人类社会发展的共同理想，也是我们共同的责任，我们都应该为维护自己的社会环境去奋斗，去贡献自己的力量。绿色建筑也是为了实现可持续的发展战略所采取的重大措施，是顺应国际发展趋势的。

建筑行业的根本任务就是要改造环境，为我们建设物质文明和精神文明相结合的生态环境。而传统的建筑行业在改善人们的居住环境的同时，也像其他的行业一样过度消耗自然能源，产生的建筑垃圾与灰尘，严重污染了环境。人类的不断增长，土地的减少，更使得我们应该为了改变大气环境，改善人们的生活条件，去建设新的环境，从而使得绿色建筑也在不断地增长，不断地提倡。

绿色建筑与绿色文化、可持续发展的理论是一种相辅相成的关系，绿色文化、可持续发展的理论推动了绿色建筑体系的创造；而绿色建筑又丰富了绿色文化的内容，为人类实现可持续发展做出了极大的贡献。

（三）绿色建筑及生态环境、经济的可持续发展

1. 绿色建筑和生态环境

绿色代表生命，是生态系统的本色。建筑是人类为了居住生活和生产的某种需要而构造的围护结构。用绿色来修饰建筑，是为了把绿色概念赋予建筑之上，使建筑富有活力和生机，将建筑和可持续性的发展联系在一起。

绿色建筑应该以节约土地为目的。土地不仅是人类的家园，还是人类食物的主要工业来源地。人口的不断增长，必然导致土地的减少，而节约土地则成为绿色建筑的重要目标。城市化水平的不断提高，节约土地的形势也变得越来越严峻。

绿色建筑不应该发生大气的污染，应该给人们提供优良的生活环境。有了空气才可以维持生命。近年来，我国的空气污染越发严重，尤其以煤烟污染最为严重，主要污染物是二氧化硫和酸雨。尤其现在雾霾天气的逐渐加剧，更应该使得我们重视环境。

绿色建筑也应该将废水的排放减量化、无害化、资源化，因为水是生命之源、万物之本。

绿色建筑还应把固体废弃物减量化、无害化，并将其尽可能地资源化与再利用。其废弃物主要是砖、瓦、混凝土和玻璃。

绿色建筑应把节能资源，扩大使用非燃烧体能源和可再生能源作为追求的目标，包括其建设过程和使用过程中的节约能源。

绿色建筑的任务是阐明建筑物—人居环境—人及人类社会的可持续发展机理及措施，而生态学原则是绿色建筑的理论基石。

2. 绿色建筑的经济效应

任何东西的发展都离不开经济，经济是根本。现今，我国的经济建设蓬勃发展，也面临着生态环境日益恶化的严重问题。自然生态环境的污染和恶化，从经济学角度来看是经济发展和环境保护之间的矛盾产物。对发展中国家经济的发展和环境保护的矛盾也是更加尖锐的。

绿色建筑的经济效益主要体现在节地、节水和节约能源上。在节地方面，利用集约的土地来建的绿色建筑是理想化的效果，能充分利用工业废料，以保护和利用土地资源，达到节约土地和争取更多的绿化面积的目的，使得许多高层建筑拔地而起；在节水方面，使用节水器具来降低近年来水的使用量是一个非常普遍的做法；在节能方面，根据当地的自然条件，充分考虑自然通风和天然采光，以减少空调和照明的使用等。只要将绿色建筑中的这几个“节”做好，必然使建筑的经济效益得到很大的提升。

三、绿色建筑的目标及其实践原则

绿色建筑作为现代社会的一个重要行业发展态势，具有明确的目标和实践原则。

（一）绿色建筑的目标

总体来看，绿色建筑的目标就是通过人类的建设行为，达到人与自然安全、健康、和谐共生，满足人类追求适宜生存居所的需求、愿望。

具体来看，这一目标可以细分为以下几项：一是要解决人类拥有发展所必备的自然资源、环境可持续、稳定、均衡地为发展提供保障的问题；二是控制和约束人类行为消耗自然资源的规模、水平与效率；三是保持社会生态系统功能的完整性和丰富度，使历史文化的传承具有在建筑中得以表达，达到借鉴、继承与发展统合，实现人类生存观的修正、优化与进步；四是依赖人类社会行为和生活的核心载体之建筑与景观，以科学的发展观实现人类社会可持续发展的诉求，通过提高科技水平和高新技术的应用、推广，降低资源消耗，达到和谐、宜居的生态人居环境建设水平，发现新资源、再生资源、循环资源以及可替代资源，缓解并最终解决制约和威胁人类社会发展进步的自然资源与环境的“瓶颈”问题。

（二）绿色建筑的实践原则

绿色建筑应遵循以下实践原则。

（1）适地原则

以人居系统符合生态系统安全、健康而客观存在为依据，建设适宜空间、高效利用土地，符合人文特性、经济属性及建设选址的科学规划、设计行为，是绿色建筑建造、使用所必须遵守的条件和根本性原则。

（2）高效原则

建筑作为人类的居所，其建造、使用、维护与拆除应本着符合人与自然生态安全与和谐共生的前提，满足宜居、健康的要求，系统地采用集成技术提高建筑效能，优化管理调控体系，形成绿色建筑的高效原则。

（3）节约原则

资源占有与能源消耗在符合建筑全寿命周期使用总量与服务功能均衡的前提下，实现最小化与减量化的节约原则。

（4）和谐原则

建筑作为人类行为的一种影响存在结果，由于其空间选择、建造过程和使用拆除的全寿命过程存在着消耗、扰动以及影响的实际作用，其体系和谐、系统和谐、关系和谐便成为绿色建筑特别强调的重要的和谐原则。

（5）人文原则

建筑是人类抵御大自然对人类伤害与威胁的庇护所，保障人类生产、生活的生存安全、健康、舒适，从远古人类栖息的“巢”“穴”“器”含义的建筑，人类始终把集人类智慧、文明的建筑与文化、美学、哲学紧密相连。凝固的文明结晶、社会人文雕塑都是对建筑的人文价值的高度概括，建筑既有历史性，也有传承性，更有人文特性。无论在哪个国家、城乡、地区，没有文化内涵的建筑都会使人居系统缺少特点、特色与特质，不但丧失了地域化优势，更失去了国际化能力。这也是失去了人居生态系统中除自然生态、经济生态以外的另一个重要生态要素——社会生态，人文原则就是一项不可或缺的生态原则。

（6）经济原则

绿色建筑的建造、使用、维护是一个复杂的技术系统问题，更是一个社会组织体系问题。高投入、高技术的极致绿色建筑虽然可以反映出人类科学技术发展的高端水平，但是并非只有高技术才能够实现绿色建筑的功能、效率与品质，适宜技术与地方化材料及地域特点的建造经验同样是绿色建筑的重要发展途径。唯技术论和唯高投资论都不是绿色建筑的追求方向，适宜投资、适宜成本和适宜消费才是绿色建筑的经济原则。

（7）舒适原则

舒适要求与资源占有及能源消耗，在建筑建造、使用与维护管理中一直是一个矛盾体。在绿色建筑中强调舒适原则不是以牺牲建筑的舒适度为前提，而是以满足人类居所舒适要求为设定条件，通过人类长期依托建筑而生存的经验和科学技术的不断探索发展，总结形成绿色建筑绿色化、生态化及符合可持续发展要求的建筑综合系统集成技术，以满足绿色建筑的舒适原则。

第二节　绿色建筑的设计理念、原则及目标

一、绿色建筑的设计理念

绿色建筑需要人类以可持续发展的思想反思传统的建筑理念，走以低能耗、高科技为手段的精细化设计之路，注重建筑环境效益、社会效益和经济效益的有机结合。绿色建筑的设计应遵循以下理念。

1. 和谐理念

绿色建筑追求建筑“四节”（节能、节地、节水、节材）和环境生态共存；绿色建筑与外界交叉相连，外部与内部可以自动调节，有利于人体健康；绿色建筑的建造对地

理条件有明确的要求，土壤中不存在有毒、有害物质，地温适宜，地下水纯净，地磁适中；绿色建筑外部要强调与周边环境相融合，和谐一致、动静互补，做到既保护自然生态环境又与环境和谐共生。

2. 环保理念

绿色建筑强调尊重本土文化、重视自然因素及气候特征；力求减少温室气体排放和废水、垃圾处理，实现环境零污染；绿色建筑不使用对人体有害的建筑材料和装修材料以提高室内环境质量，保证室内空气清新，温、湿度适当，使居住者感觉良好，身心健康。

3. 节能理念

绿色建筑要求将能耗的使用在一般建筑的基础上降低 70% ~ 75%；尽量采用适应当地气候条件的平面形式及总体布局；考虑资源的合理使用和处置；采用节能的建筑围护结构，减少采暖和空调的使用；根据自然通风的原理设置风冷系统，有效地利用夏季的主导风向；减少对水资源的消耗与浪费。

4. 可持续发展理念

绿色建筑应根据地理及资源条件，设置太阳能采暖、热水、发电及风力发电装置，以充分利用环境提供的天然可再生能源。

二、绿色建筑遵循的基本原则

绿色建筑应坚持“可持续发展”的建筑理念。理性的设计思维方式和科学程序的把握，是提高绿色建筑环境效益、社会效益和经济效益的基本保证。绿色建筑除满足传统建筑的一般要求外，尚应遵循以下基本原则。

1. 关注建筑的全寿命周期

建筑从最初的规划设计到随后的施工建设、运营管理及最终的拆除，形成了一个全寿命周期。即意味着不仅在规划设计阶段充分考虑并利用环境因素，而且确保施工过程中对环境的影响最低，运营管理阶段能为人们提供健康、舒适、低耗、无害空间，拆除后对环境的危害又降到最低，并使拆除材料尽可能再循环利用。

2. 适应自然条件，保护自然环境

（1）充分利用建筑场地周边的自然条件，尽量保留和合理利用现有适宜的地形、地貌、植被和自然水系；

（2）在建筑的选址、朝向、布局、形态等方面，充分考虑当地气候特征和生态环境；

（3）建筑风格与规模和周围环境保持协调，保持历史文化与景观的连续性；

（4）尽可能地减少对自然环境的负面影响，如减少有害气体和废弃物的排放，减少对生态环境的破坏。

3. 创建适用与健康的环境

（1）绿色建筑应优先考虑使用者的适度需求，努力创造优美和谐的环境；

（2）保障使用者的安全，降低环境污染，改善室内环境质量；

（3）满足人们的生理和心理需求，同时为人们提高工作效率创造条件。

4. 加强资源节约与综合利用，减轻环境负荷。

（1）通过优良的设计和管理，优化生产工艺，采用适用的技术、材料和产品；

（2）合理利用和优化资源配置，改变消费方式，减少对资源的占有和消耗；

（3）因地制宜，最大限度地利用本地材料与资源；

（4）最大限度地提高资源的利用效率，积极促进资源的综合循环利用；

（5）增强耐久性能及适应性，延长建筑物的整体使用寿命；

（6）尽可能使用可再生的、清洁的资源和能源。

此外，绿色建筑的建设必须符合国家的法律法规与相关的标准规范，实现经济效益、社会效益和环境效益的统一。

三、绿色建筑的设计原则

绿色建筑的设计原则，可概括为自然性、系统协同性、高效性、健康性、经济性、地域性、进化性 7 个原则。

1. 自然性原则

在建筑外部环境设计、建设与使用过程中，应加强对原生生态系统的保护，避免和减少对原生生态系统的干扰和破坏；应充分利用场地周边的自然条件和保持历史文化与景观的连续性，保持原有生态基质、廊道、斑块的连续性；对于在建设过程中造成原生生态系统破坏的情况，采取生态补偿措施。

2. 系统协同性原则

绿色建筑是其与外界环境共同构成的系统，具有系统的功能和特征，构成系统的各相关要素需要关联耦合、协同作用以实现其高效、可持续、最优化地实施和运营。绿色建筑是在建筑运行的全生命周期过程中、多学科领域交叉、跨越多层级尺度范畴、涉及众多相关主体、硬科学与软科学共同支撑的系统工程。

3. 高效性原则

绿色建筑设计应着力提高在建筑全生命周期过程中对资源和能源的利用效率。例如，采用创新的结构体系、可再利用或可循环再生的材料系统、高效率的建筑设备与物品等。

4. 健康性原则

绿色建筑设计通过对建筑室外环境营造和室内环境调控，从而提高建筑室内舒适度，构建有益于人的生理舒适健康的建筑热、声、光和空气质量环境，同时为人们提高工作效率创造条件。

5. 经济性原则

绿色建筑应优化设计和管理，选择适用的技术、原材料和产品，合理利用并优化资源配置，延长建筑物整体使用寿命，增强其性能及适应性。基于对建筑全生命周期运行费用的估算，以及评估设计方案的投入和产出，绿色建筑设计应提出有利于成本控制的具有可操作性的优化方案；在优先采用被动式技术的前提下，实现主动式技术与被动式技术的相互补偿和协同运行。

加强资源节约与综合利用，遵循“3R 原则”，即 Reduce（减量）、Reuse（再利用）和 Recycle（循环再生）。

（1）减量（Reduce）

减量，即绿色建筑设计除满足传统建筑的一般设计原则外，应遵循可持续发展理念，在满足当代人需求的同时，应减少进入建筑物建设和使用过程的资源（土地、原材料、水）消耗量和能源消耗量，从而达到节约资源和减少排放的目的。

（2）再利用（Reuse）

再利用，即保证选用的资源在整个建筑过程中得到最大限度地利用。尽可能多次及以多种方式使用建筑材料或建筑构件。

（3）循环再生（Recycle）

循环再生，即尽可能利用可再生资源，所消耗的能量、原材料及废料能循环利用或自行消化分解。在规划设计中能使其各系统在能量利用、物质消耗、信息传递及分解污染物方面形成一个封闭闭合的循环网络。

6. 地域性原则

绿色建筑设计应密切结合所在地域的自然地理气候条件、资源条件、经济状况和人文特质，分析、总结和吸纳地与传统建筑应对资源和环境的设计、建设和运行策略，因地制宜地制定与地域特征紧密相关的绿色建筑评价标准、设计标准和技术导则，选择匹配的对策、方法和技术。

7. 进化性原则（也称弹性原则、动态适应性原则）

在绿色建筑设计中充分考虑各相关方法与技术更新、持续进化的可能性，并采用弹性的、对未来发展变化具有动态适应性的策略，在设计中为后续技术系统的升级换代和新型设施的添加应用留有操作接口和载体，并能保障新系统与原有设施的协同运行。

四、绿色建筑的目标

绿色建筑的目标分为观念目标、评价目标和设计目标。

1. 绿色建筑的观念目标

对于绿色建筑，目前得到普遍认同的认知观念是，绿色建筑不是基于理论发展和形态演变的建筑艺术风格或流派，不是方法体系，而是试图解决自然和人类社会可持续发展问题的建筑表达，是相关主体（包括建筑师、政府机构、投资商、开发商、建造商、非营利机构、业主等）在社会、政治、经济、文化等多种因素影响下，基于社会责任或制度约束而共同形成的对待建筑设计的严肃而理性的态度和思想观念。

2. 绿色建筑的评价目标

评价目标是指采用设计手段使建筑相关指标符合某种绿色建筑评价标准体系的要求，并获取评价标识。目前，国内外绿色建筑评价标准体系可以划分为两大类：

第一类是依靠专家的主观判断与决策，“通过权重实现对绿色建筑不同生态特征的整合，进而形成统一的比较与评价尺度”。其评价方法优点在于简单、便于操作；不足之处为，缺乏对建筑环境影响与区域生态承载力之间的整体性进行表达和评价。

第二类是基于生态承载力考量的绿色建筑评价，源于“自然清单考察”评估方法，通过引入生态足迹、能耗值、碳排放量等与自然生态承载力相关的生态指标，对照区域自然生态承载力水平，评价人类建筑活动对环境的干扰是否影响环境的可持续性，并据此确立绿色建筑设计目标。其优点在于易于理解，更具客观性；不足之处是具体操作较繁复。

3. 绿色建筑的设计目标

绿色建筑的设计目标包括节地、节能、节水、节材及注重室内环境质量几个方面。

（1）节地与室外环境

①建筑场地选择

包括：

第一，优先选用已开发且具城市改造潜力的用地；

第二，场地环境应安全可靠，远离污染源，并对自然灾害有充分的抵御能力；

第三，保护并充分利用原有场地上的自然生态条件，注重建筑与自然生态环境的协调；

第四，避免建筑行为造成水土流失或其他灾害。

②节地措施。

包括：

第一，建筑用地适度密集，适当提高公共建筑的建筑密度，住宅建筑立足创造宜居环境，确定建筑密度和容积率；

第二，强调土地的集约化利用，充分利用周边的配套公共建筑设施；

第三，高效利用土地，如开发利用地下空间，采用新型结构体系与高强轻质结构材料，提高建筑空间的使用效率。

③降低环境负荷

包括：

第一，建筑活动对环境的负面影响应控制在国家相关标准规定的允许范围内；

第二，减少建筑产生的废水、废气、废弃物的排放；

第三，利用园林绿化和建筑外部设计以减少热岛效应；

第四，减少建筑外立面和室外照明引起的光污染；

第五，采用雨水回渗措施，维持土壤、水生态系统的平衡。

④绿化设计

包括：

第一，优先种植乡土植物，采用耐候性强的植物，减少日常维护的费用；

第二，采用生态绿地、墙体绿化、屋顶绿化等多样化的绿化方式，应对乔木、灌木和攀缘植物进行合理配置，构成多层次的复合生态结构，达到人工配置的植物群落自然和谐，并起到遮阳、降低能耗的作用；

第三，绿地配置合理，达到局部环境内保持水土、调节气候、降低污染和隔绝噪声的目的。

⑤交通设计

包括：

第一，充分利用公共交通网络；

第二，合理组织交通，减少人车干扰；

第三，地面停车场采用透水地面，并结合绿化为车辆遮阴。

（2）节能与可再生能源利用

①降低能耗

包括：

第一，利用场地自然条件，合理考虑建筑物朝向和楼距，充分利用自然通风和天然采光，减少使用空调和人工照明；

第二，提高建筑围护结构的保温隔热性能，采用由高效保温材料制成的复合墙体和屋面及密封保温隔热性能好的门窗，采用有效的遮阳措施；

第三，采用用能调控和计量系统。

②提高用能效率

包括：

第一，采用高效建筑供能、用能系统和设备。如合理选择用能设备，使设备在高效区工作；根据建筑物用能负荷动态变化，采用合理的调控措施。

第二，优化用能系统，采用能源回收技术。如考虑部分空间、部分负荷下运营时的节能措施；有条件时宜采用热、电、冷联供形式，提高能源利用效率；采用能量回收系统，如采用热回收技术。

第三，针对不同能源结构，实现能源梯级利用。

③使用可再生能源

可再生能源，指从自然界获取的、可以再生的非化石能源，包括风能、太阳能、水能、生物质能、地热能、海洋能、潮汐能等，以及通过热泵等先进技术取自自然环境（如大气、地表水、污水、浅层地下水、土壤等）的能量。可再生能源的使用不应造成对环境和原生态系统的破坏以及对自然资源的污染。

④确定节能指标

包括：

第一，各分项节能指标；

第二，综合节能指标。

（3）节水与水资源利用

第一，节水规划。根据当地水资源状况，因地制宜地制定节水规划方案，如中水、雨水回用等，保证方案的经济性和可实施性。

第二，提高用水效率。包括：

其一，按高质高用、低质低用的原则，生活用水、景观用水和绿化用水等按用水水质要求分别提供、梯级处理回用。

其二，采用节水系统、节水器具和设备，如采取有效措施，避免管网漏损；空调冷却水和游泳池用水采用循环水处理系统；卫生间采用低水量冲洗便器、感应出水水龙头或缓闭冲洗阀等，提倡使用免冲厕技术等。

其三，采用节水的景观和绿化浇灌设计，如景观用水不使用市政自来水，尽量利用河湖水、收集的雨水或再生水，绿化浇灌采用微灌、滴灌等节水措施。

第三，雨污水综合利用。包括：

其一，采用雨水、污水分流系统，有利于污水处理和雨水的回收再利用；

其二，在水资源短缺地区，通过技术经济比较，合理采用雨水和中水回用系统；

其三，合理规划地表与屋顶雨水径流途径，最大限度地降低地表径流，采用多种渗透措施增加雨水的渗透量。

第四，确定节水指标。包括：

其一，各分项节水指标；

其二，综合节水指标。

（4）节材与材料资源

第一，节材。包括：

其一，采用高性能、低材耗、耐久性好的新型建筑体系；

其二，选用可循环、可回用和可再生的建材；

其三，采用工业化生产的成品，减少现场作业；

其四，遵循模数协调原则，减少施工废料；

其五，减少不可再生资源的使用。

第二，使用绿色建材。包括：

其一，选用耗能低、高性能、高耐久性和本地建材，减少建材在全寿命周期中的能源消耗；

其二，选用可降解、对环境污染少的建材；

其三，使用原料消耗量少和采用废弃物生产的建材；

其四，使用可节能的功能性建材。

（5）注重室内环境质量

第一，光环境。包括：

其一，设计采光性能最佳的建筑朝向，发挥天井、庭院、中庭的采光作用。

其二，采用自然光调控设施，如采用反光板、反光镜、集光装置等，改善室内的自然光分布。

其三，办公和居住空间，开窗能有良好的视野。

其四，室内照明尽量利用自然光，如不具备时，可利用光导纤维引导照明，以充分利用阳光，减少白天对人工照明的依赖。

其五，照明系统采用分区控制、场景设置等技术措施，有效避免过度使用和浪费。

其六，分级设计一般照明和局部照明，满足低标准的一般照明与符合工作面照度要求的局部照明相结合；局部照明可调节，以有利于使用者的健康和照明节能。

其七，采用高效、节能的光源、灯具和电器附件。

第二，热环境。包括：

其一，优化建筑外围护结构的热工性能，防止因外围护结构内表面温度过高或过低、透过玻璃进入室内的太阳辐射热等引起的不舒适感；

其二，设置室内温度和湿度调控系统，使室内热舒适度能得到有效的调控；

其三，根据使用要求合理设计温度可调区域的大小，满足不同个体对热舒适性的要求。

第三，声环境。包括：

其一，采取动静分区的原则进行建筑的平面布置和空间划分，如办公、居住空间不能与空调机房、电梯间等设备用房相邻，减少对有安静要求房间的噪声干扰；

其二，合理选用建筑围护结构构件，采取有效的隔声、减噪措施，保证室内噪声级和隔声性能符合《民用建筑隔声设计规范》GB（50118—2010）的要求；

其三，综合控制机电系统和设备的运行噪声，如选用低噪声设备，在系统、设备、管道（风道）和机房采用有效的减震、减噪、消声措施，控制噪声的产生和传播。

第四，室内空气品质。包括：

其一，人员经常停留的工作和居住空间应能自然通风，可结合建筑设计提高自然通风效率，如采用可开启窗扇、利用过堂风、竖向拔风作用通风等。

其二，合理设置风口位置，有效组织气流；采取有效措施防止串气、乏味，采用全部和局部换气相结合，避免厨房、卫生间、吸烟室等处的受污染空气循环使用。

其三，室内装饰、装修材料对空气质量的影响应符合《民用建筑室内环境污染控制规范》（GB 50325—2020 标准）的要求。

其四，使用可改善室内空气质量的新型装饰装修材料。

其五，设集中空调的建筑，宜设置室内空气质量监测系统，维护用户的健康和舒适。

其六，采取有效措施防止结露和滋生霉菌。

第三节 绿色建筑的设计要求及技术设计内容

绿色建筑的实现程度，与每一个地域独特的气候条件、自然资源、现存人类社会发展水平及文脉渊源有关。绿色建筑作为一个次级系统，依存于一定的地域范围内的自然环境，不能脱离生物环境的地域性而独立存在，绿色建筑应成为周围环境不可分割的整体。

一、绿色建筑的设计要求

1. 重视建筑的整体设计

整体设计的优劣直接影响着绿色建筑的性能及成本。绿色建筑设计必须结合气候、文化、经济等诸多因素进行综合分析，加以整体设计。不应盲目照搬某个先进的绿色技术，也不能仅仅着眼于一个局部而不顾整体。绿色建筑设计强调整体的生态设计思想，综合考虑绿色人居环境设计中的各种因素，实现多因素、多目标、整个设计过程的全局最优化。每一个环节的设计都要遵循生态化原则，要节约能源、资源、无害化、可循环。

2. 绿色建筑设计应与环境达到和谐统一

（1）尊重基地环境

绿色建筑营造的居住及工作环境，既包括人工环境，也包括自然环境。在进行绿色建筑的环境规划设计时，需结合当地生态、地理、人文环境特性，收集相关气候、水资源、土地使用、交通、基础设施、能源系统、人文环境等资料。绿色建筑设计应做到以整体的观点考虑可持续性及自然化的应用，包括适应所在地区的自然气候条件，重视建筑本身的绿色设计及整体环境的绿化处理、生活用水的节能利用、废水处理及还原、雨水利用等多方面因素。

（2）因地制宜原则

绿色建筑设计非常强调的一点是因地制宜，绝不能照搬盲从。例如，西方发达国家多是独立式小建筑，建筑密度小，分布范围广。而我国则以密集型多层或高层居住小区为主。对前者而言，充分利用太阳能进行发电、供热水、供暖都较为可行；而对我同高层居住小区来说，就是将建筑楼所有的外表面都装上太阳能集热板或光电板，也不足以提供该栋楼所需的所有能源，所以太阳能只能作为一种辅助节能设计的手段。

气候的差异也使不同地区的绿色建筑设计策略大相径庭，建筑设计应充分结合当地的气候特点以及其他地域条件，最大限度地利用自然采光、自然通风、被动式集热和制冷，从而减少因采光、通风、供暖、空调所导致的能耗和污染。某种建筑平面或户型在一个地区也许是适合气候特点的典范之作，而搬到另一个地区则不一定适用。

3. 绿色建筑首选被动式节能设计

（1）充分利用自然通风，创造良好的室内外环境

自然通风，即利用自然能源或者不依靠传统空调设备系统，仍然能维持适宜的室内环境的方式。自然通风能节省可观的全年空调负荷从而达到节能的目的。

要充分利用自然通风，必须考虑建筑的朝向、间距和布局。例如，南向是冬季太阳辐射量最多而夏季日照减少的方向，并且我国大部分地区夏季主导风向为东南向，所以从改善夏季自然通风房间的热环境和减少冬季房间的采暖空调负荷来讲，南向是建筑物最好的选择朝向。自然通风在夏季能引进比室温低的室外空气，给人以凉爽感觉，具有一种类似简易型空调的节能作用。

此外，建筑高度对自然通风也有很大的影响，一般高层建筑对其自身的室内自然通风有利。而在不同高度的房屋组合时，高低建筑错列布置有利于低层建筑的通风；处于高层建筑风景区内的低矮建筑受到高层背风区回旋涡流的作用，室内通风良好。

（2）针对不同地区的气候特点选择合适的节能构造设计

不同气候特点地区的绿色建筑节能构造设计，应选择有针对性的节能设计。如热带地区，比起使用保温材料和蓄热墙体来说，屋面隔热及自然通风的意义更大一些；而对于寒冷地区，使用节能门窗及将有限的保温材料安置在建筑的关键部位，并不是均匀分布，将会起到事半功倍的效果。

4. 将建筑融入历史与地域的人文环境

包括以下几个方面。

第一，应注重历史性和文化特色，加强对已建成环境和历史文脉的保护和再利用。

第二，对古建筑的妥善保存；对传统街区景观的继承和发展；继承地方传统的施工技术和生产技术；继承、保护城市与地域的景观特色，并创造积极的城市新景观；保持居民原有的生活方式并使居民参与建筑设计与街区更新。

第三，绿色建筑体现“新地域主义”特征。“新地域主义”是指建筑吸收本地的、民族的或民俗的风格，使现代建筑中体现出地方的特定风格。它是建筑中的一种方言或者说是民间风格。但是“新地域主义”不等于地方传统建筑的仿古或复旧，它在功能上与构造上都遵循现代标准和需求，仅仅是在形式上部分吸收传统形式的特色而已。

5. 绿色建筑应创造健康舒适的室内环境

绿色建筑之所以强调室内环境，是因为空调界的主流思想是想在内外部环境之间争取一个平衡关系。健康、舒适的生活环境包括以下方面：使用对人体健康无害的材料，抑制危害人体健康的有害辐射、电波、气体等，符合人体工程学的设计，室内具有优良的空气质量，优良的温、湿度环境，优良的光线、视线环境，优良的声环境。

6. 采用减轻环境负荷的建筑节能新技术及能源使用的高效节约化

绿色建筑设计应采用能减轻环境负荷的建筑节能新技术，关注能源使用的高效节约化，主要包括以下方面：

第一，根据日照强度自动调节室内照明系统、局域空调、局域换气系统、布水系统；

第二，注意能源的循环使用，包括对二次能源的利用、蓄热系统、排热回收等；

第三，使用耐久性强的建筑材料；

第四，采用便于对建筑保养、修缮、更新的设计；

第五，建筑设备竖井、机房、面积、层高、荷载等设计应留有发展余地。

二、绿色建筑的技术设计内容

绿色建筑的技术设计内容主要包括：建筑围护结构的节能技术（外墙体、门窗、屋面的节能技术，建筑遮阳）、被动式建筑节能技术（自然通风技术）、新型自然采光技术及照明技术、可再生能源利用（太阳能光热技术、太阳能光电技术）、绿色暖通新技术（地源热泵技术、空气冷热源技术）、节水技术（雨水、污水再利用）等。

（一）建筑围护结构的节能技术

建筑围护结构的各部分能耗比例，一般屋顶占22%，窗户（渗透）占13%、窗户（热传导）占20%，外墙占30%，地下室占15%。选择合适的围护结构节能措施在绿色建筑技术设计中非常重要。

1. 外墙体节能技术

外墙体节能技术又分为单一墙体节能技术与复合墙体节能技术。

第一，单一墙体节能技术。该技术是指通过改善主体结构材料本身的热工性能来达到墙体节能效果，目前常用的加气混凝土和空洞率高的多孔砖或空心砌块可用作单一节能墙体。

第二，复合墙体节能技术。该技术是指在墙体主体结构基础上增加一层或几层复合的绝热保温材料来改善整个墙体的热工性能。根据复合材料与主体结构位置的不同，又分为内保温技术、外保温技术及夹心保温技术。

2. 窗户节能技术

窗户的节能技术主要从减少渗透量、减少传热量、减少太阳辐射能三个方面进行设计。主要方式有：采用断桥节能窗框材料、采用节能玻璃和采用窗户遮阳设计几种方式，其中窗户的遮阳设计方式主要有以下两方面。

第一，外设遮阳板。要求既阻挡夏季阳光的强烈直射，又保证一定的采光、通风及外立面构图设计要求。

第二，电控智能遮阳系统。该系统是根据太阳运行角度及室内光线强度要求，采用电控遮阳的系统。在太阳辐射强烈的时候关闭，遮挡太阳辐射，降低空调能耗；在冬季和阴雨天的时候打开，让阳光射入室内，降低采暖能耗。

3. 屋面节能技术

屋面被称为建筑的“第五立面”，是建筑外围护结构节能设计的重要方面，除保温、隔热的常规设计以外，采用屋顶绿化的种植屋面设计是减少建筑能耗的有效方式。有屋顶花园的建筑不一定是绿色建筑，但屋顶花园却是绿色建筑的要素之一，它有助于丰富环境景观、提高建筑的节能效能，绿化屋面。

（二）被动式建筑节能技术

被动式建筑节能技术，即以非机械电气设备干预手段实现建筑能耗降低的节能技术，具体指在建筑规划设计中通过对建筑朝向的合理布置、遮阳的设置、建筑围护结构的保温隔热技术、有利于自然通风的建筑开口设计等实现建筑需要的采暖、空调、通风等能耗的降低。

相对被动式技术是主动式技术，指通过机械设备干预手段为建筑提供采暖空调通风等舒适环境控制的建筑设备工程技术。主动式节能技术则指在主动式技术中以优化的设备系统设计、高效的设备选用实现节能的技术。

自然通风是利用自然风压、空气温差、密度差等对室内进行通风的方式，具有被动式的节能特点，是绿色建筑节能设计的首选方式。

（三）新型自然采光技术与照明节能技术

1. 用导光管进行自然采光

近年来，由于能源供应日趋紧张、环境问题日益为人们所重视，光导照明系统越来越多地受到关注和广泛的应用。

导光管日光照明系统（Tubular Daylighting System）是一种无电照明系统，采用这种系统的建筑物白天可以利用太阳光进行室内照明。其基本原理是通过采光罩高效采集室外自然光线并导入系统内进行重新分配，再经过特殊制作的导光管传输后由底部的漫射装置把自然光均匀高效的照射到任何需要光线的地方，从黎明到黄昏，甚至阴天导入室内的光线仍然很充足。

（1）导光管日光照明系统的组成

该系统装置主要由采光装置、导光装置、漫射装置、调光装置组成。

①采光装置（采光罩）

采光罩中使用先进技术使其有效日光采集表面面积（EDCS）比普通透明采光罩增加了近一倍。

②导光装置

其光线反射管道使用多层聚合高效反射材料，能反射更多的光线。其核心部件是导光管，用来传输光线。现在使用的导光材料主要有四种，分别是：

第一，阳极电镀铝，可见光反射率为84%；

第二，增强型阳极电镀铝（内部有反射涂层），可见光反射率为95%；

第三，真空条件下制作的银涂层聚酯材料，可见光反射率为98%；

第四，非金属薄膜（又称七彩无极限），可见光反射率为99.7%。

③漫射装置

使用了光学透镜的漫射器传递日光，使光线更加柔和、均匀，不会产生眩光。

④调光装置

调光器可以在8秒钟之内使光线从100%调至1.5%，使室内照明强度可根据使用需求进行调整。

（2）光管日光照明系统的特点

①节能

无须电力，利用自然光照明，同时系统中空密封，具有良好的隔热保温性能，按光源类型分类是“冷光源”，不会给室内带来热负荷效应；同时不存在电力隐患，安全高效。

②环保、健康

组成光导照明系统的各部分材料均属于绿色产品。室内为漫射自然光，无频闪，不会对人眼造成伤害。

③光效好

光导照明系统所传输的光为自然光，其波长范围为380 ~ 780nm，显色性Ra为100（白炽灯所发出的光最接近自然光，其显色性Ra为95 ~ 97），且经过系统底部的漫射装置，进入室内的漫射光光线柔和，照度分布均匀。

④隔音、防火、防盗性能好

系统可达到RW37db的隔音效果，系统防火性能为B级，系统内置防盗安全棒提高了系统的安全性能。

⑤使用年限长

光导照明系统使用年限N25年（电力照明灯具的使用年限最多10年左右）。

（3）导光管日光照明系统的适用范围

导光管日光照明系统主要适合应用于单层建筑、多层建筑的顶层或者是地下室，建筑的阴面等。其中包括大型的体育场馆和公共建筑，厂房车间，别墅，地下车库，隧道，加油站、易燃易爆场所以及无电力供应场所。

2. 利用智能照明系统节能

智能照明，是利用先进电磁调压及电子感应技术，对供电进行实时监控与跟踪，自动平滑地调节电路的电压和电流幅度，改善照明电路中不平衡负荷所带来的额外功耗，提高功率因素，降低灯具和线路的工作温度，从而达到优化供电的目的。

智能照明系统的具体应用方式，如会议室中安装人体感应，可做到有人时开灯、开空调，无人时关灯、关空调，以免忘记造成浪费；或有人工作时自动打开该区的灯光和空调；无人时自动关灯和空调，有人工作而又光线充足时只开空调不开灯，自然又节能。

（四）可再生能源利用

1.“太阳能光热系统”节能技术

太阳能光热利用是指利用太阳辐射的热能，应用方式除太阳能热水器外，还有太阳房、太阳灶、太阳能温室、太阳能干燥系统、太阳能土壤消毒杀菌技术等。

太阳能光热系统，既可供暖也可供热水。利用太阳能转化为热能，通过集热设备采集太阳光的热量，再通过热导循环系统将热量导入换热中心，然后将热水导入地板采暖系统，通过电子控制仪器控制室内水温。在阴雨雪天气系统自动切换至燃气锅炉辅助加热让冬天的太阳能供暖得以完美实现。春夏秋季可以利用太阳能集热装置生产大量的免费热水。若用太阳能全方位地解决建筑内热水、采暖、空调和照明用能，这将是最理想的方案，太阳能与建筑（包括高层）一体化研究与实施，是未来太阳能开发利用的重要方向。

2.“太阳能光伏系统”节能技术

太阳能热发电，是太阳能热利用的一个重要方面，这项技术是利用集热器把太阳辐射热能集中起来给水加热产生蒸汽，然后通过汽轮机、发电机来发电。根据集热方式的不同，又分高温发电和低温发电。

（1）太阳能光伏系统的工作原理

太阳能光伏发电的原理，是基于半导体的光生伏特效应，利用太阳能电池将太阳能直接转化为直流电能。白天，在光照条件下，太阳能电池组件产生一定的电动势，通过组件的串并联形成太阳能电池方阵，使得方阵电压达到系统输入电压的要求；再通过充放电控制器对蓄电池进行充电，将由光能转换而来的电能贮存起来。晚上，蓄电池组为逆变器提供输入电，通过逆变器的作用，将直流电转换成交流电，输送到配电柜，由配电柜的切换作用进行供电。蓄电池组的放电情况由控制器进行控制，保证蓄电池的正常使用。光伏电站系统还应有限负荷保护和防雷装置，以保护系统设备的过负载运行及免遭雷击，维护系统设备的安全使用。

（2）太阳能光伏发电系统的特点

该系统主要由电子元器件构成，不涉及机械转动部件，运行没有噪声；没有燃烧过程，发电过程不需要燃料；发电过程没有废气污染，也没有废水排放；设备安装和维护都十分简便，维修保养简单，维护费用低，运行可靠稳定，使用寿命很长，可达25年；环境条件适应性强，可在不同环境下正常工作；能够在长期无人值守的条件下正常稳定工作；根据需要很容易进行扩展，扩大发电规模。

（3）太阳能光伏系统的应用领域

太阳能光伏系统的应用领域非常广泛，例如以下几个方面。

第一，用户太阳能电源。小型电源10 ~ 100W不等，用于边远无电地区军民生活用电；3 ~ 5kW家庭屋顶并网发电系统；光伏水泵。解决无电地区的深水井饮用、灌溉。

第二，交通领域。如航标灯、交通 / 铁路信号灯、交通警示 / 标志灯、高空障碍灯、高速公路 / 铁路无线电话亭、无人值守道班供电等。

第三，通信领域。太阳能无人值守微波中继站、光缆维护站、士兵GPS供电等。

第四，石油、海洋、气象领域。石油管道和水库闸门阴极保护太阳能电源系统、石油钻井平台生活及应急电源、海洋监测设备、气象 / 水文观测设备等。

第五，家庭灯具电源，如庭院灯、路灯、手提灯、野营灯等。

第六，光伏电站。10kW ~ 50MW独立光伏电站、风光（柴）互补电站、各种大型停车场充电站等。

第七，太阳能建筑。将太阳能发电与建筑材料相结合，使得未来的大型建筑实现电力自给，是未来一大发展方向。

第八，其他领域。与汽车配套：太阳能汽车 / 电动车、电池充电设备、汽车空调、换气扇、冷饮箱等，太阳能制氢加燃料电池的再生发电系统，海水淡化设备供电，卫星、航天器、空间太阳能电站等。

（五）绿色暖通新技术

“地源”一词是从英文“ground source”翻译而来，其内涵十分广泛，包括所有地下资源的含义。但在空调业内，仅指地壳表层（小于400米）范围内的低温热资源，它的热源主要来自太阳能，极少能量来自地球内部的地热能。

“地源热泵”的概念，最早于1912年由瑞士的专家提出。1946年美国在俄勒冈州的波兰特市中心区建成第一个地源热泵系统，但是这种能源的利用方式在当时没有引起社会各界的广泛注意。

1. 地源热泵

20世纪50年代，欧洲开始了研究地源热泵的第一次高潮，但由于当时的能源价格低，这种系统并不经济，未得到推广。直到20世纪70年代初世界上出现了第一次能源危机，它才开始受到重视，以瑞士、瑞典和奥地利等国家为代表，大力推广地源热泵供暖和制冷技术。政府采取了相应的补贴政策和保护政策，使得地源热泵生产和使用范围迅速扩大。20 世纪 80 年代后期，地源热泵技术已经趋于成熟，更多的科学家致力于地下系统的研究，努力提高热吸收和热传导效率，同时越来越重视环境的影响问题。

从地源热泵应用情况来看，北欧国家主要偏重于冬季采暖，而美国则注重冬夏联供。美国的气候条件与中国很相似，因此研究美国的地源热泵应用情况，对我国地源热泵的发展有着重大的借鉴意义。

（1）地源热泵系统的工作原理

地源热泵系统，是利用浅层地能进行供热制冷的新型能源利用技术及环保能源利用系统。热泵是利用逆卡诺循环原理转移冷量和热量的设备。地源热泵系统的原理，是以岩土体为冷热源，由水源热泵机组、地埋管换热系统、建筑物内系统组成的供热空调系统。地源热泵系统通常是转移地下土壤中热量或者冷量到所需要的地方，通常都是用来作为空调制冷或者采暖。地源热泵还利用了地下土壤巨大的蓄热蓄冷能力。冬季地源把热量从地下土壤中转移到建筑物内，夏季再把地下的冷量转移到建筑物内，一个年度形成一个冷热循环系统，实现节能减排的功能。

（2）地源热泵的优点

地源热泵系统的能量来源于自然能源。它不向外界排放任何废气、废水、废渣，是一种理想的“绿色空调”。被认为是目前可使用的对环境最友好和最有效的供热、供冷系统。该系统无论是严寒地区还是热带地区均可应用，也可广范应用在办公楼、宾馆、学校、宿舍、医院、饭店、商场、别墅、住宅等领域。

2. 毛细管网辐射式空调系统

毛细管网模拟叶脉和人体毛细血管机制，由外径为 3.5 ~ 5.0mm（壁厚 0.9mm 左右）的毛细管和外径 20mm（壁厚 2mm 或 2.3 mm）的供回水主干管构成管网。冷热水由主站房供至毛细管平面末端，由毛细管平面末端向室内辐射冷热量，实现夏季供冷、冬季供热的目的。冬季，毛细管内流淌着较低温度的热水，均匀柔和地向房间辐射热量；夏季毛细管内流动着温度较高的冷水，均匀柔和地向房间辐射冷量。毛细管席换热面积大，传热速度快，因此传热效率更高。

空调系统一般由热交换器、带循环泵的分配站、温控调节系统、毛细管网（席）组成。夏季供回水温度的范围在 15 ~ 20℃，温差以 2 ~ 3℃为宜；冬季供回水温度的范围在 28 ~ 35℃，温差以 4 ~ 5℃为宜。应配备新风系统，它的功能除了新风功能外，还承担着为室内除湿的作用，可选用新风除湿机或全热回收型新风换气机。无散湿量产生的酒窖、恒温恒湿室等类建筑因功能单一，多数为单层或两层且与其他相关专业关联较弱，故非常适宜顶面毛细管网、地面毛细管网、热源毛细管网控制采用毛细管网辐射式空调系统。

3. 温湿度独立控制空调系统

温湿度独立控制空调是由我国学者倡导,并在国内外普遍采用的一种全新空调模式。与传统的空调形式相比,它采用两个相互独立的系统分别对室内的温度和湿度进行调控,这样不仅有利于对室内环境温湿度进行控制，而且可以完全避免因再热产生的不必要的能源消耗，从而产生较好的节能效果。温度、湿度分别独立处理，也可实现精确控制，处理效率高，能耗低。

（六）节水技术

1. 雨水和污水的回收利用

以雨水和河水作为补给水，结合生态净化系统、气浮工艺、人工湿地、膜过滤和炭吸附结合技术，处理源头水质，达到生活杂用水标准，处理后的水用于冲厕、绿化灌溉和景观补水。结合景观设置具有净水效果的景观型人工湿地，处理生活污水。

2. 节水器具的使用

一个漏水的水龙头，一个月会流掉 1 ~ 6 立方米的水；一个漏水的马桶，一个月会流掉3 ~ 25立方米的水。因此,使用节水型器具,对于节水至关重要。建设部行业标准《节水型生活用水器具标准》CJ/T 164—2014，对节水型生活用水器具的定义，指比同类常规产品能减少流量或用水量，提高用水效率、体现节水技术的器件、用具。

此外，一些现代家用电器也日益呈现出节水节电的设计趋势。如节水型洗衣机，能根据衣物量、脏净程度，自动或手动调整用水量，是满足洗净功能且耗水量低的洗衣机产品。

第四节　绿色建筑的科学规划

一、绿色建筑科学规划的原则和内容

（一）科学规划的原则

1. 强调规划的先导作用

为实现绿色建筑在资源节约和环境保护方面的综合效益，不仅需要在建筑设计阶段实现“四节一环保”的具体目标，还需要在详细规划阶段为低碳生态城市策略的实施创造良好的基础条件。单体绿色建筑的节能减排任务和目标分解工作，需要通过规划来总体协调，将原本分散在各板块中的指标建立起一个统一体系，并向更宏观的尺度延伸，通过与规划指标的对接，和整个城市的可持续发展形成直接的对应关系，以实现绿色建筑与低碳生态城市策略的结合。

2. 强调指标的衔接性

通过对现有典型功能区的指标进行梳理，并分析影响城市碳排放的重要板块，将主要影响因素按照城市规划专项划分为空间规划、交通组织、资源利用和生态环境四类，构建详细规划设计指标体系。该指标体系是低碳生态发展目标在城市规划与建筑设计层面上的体现，兼顾了管理和设计的需要。指标体系对应基本建设程序，在各设计阶段提出要求，实现了规划管理与建筑设计阶段的全覆盖。将指标体系纳入规划意见书、方案审查、施工图审查等管理阶段，能实现对设计全过程的管理控制。

3. 强调指标的地方性

以北京为例，城市功能的高度聚集带来了复杂的交通拥堵、环境污染、城市管理等诸多问题，资源与生态环境压力日益紧迫，城市建设面临着严峻的资源“瓶颈”。能源、水、原材料等城市发展核心资源均严重依赖外部支持，其中能源消费 63% 为煤基能源；水资源严重短缺，仅达到世界人均水平的 1/30；生物群落结构简单，草坪占城市绿地总面积的 80%。因此，基于低碳生态详细规划的绿色建筑指标体系的制定，围绕可持续发展面临的最主要矛盾，结合了北京的特点和经济实力，体现了鲜明的北京特色。

（二）绿色建筑科学规划的内容

所谓绿色化和人性化建筑设计理念，就是按照生态文明和科学发展观的要求，体现可持续发展的精神和设计观念。绿色化要求设计反映出绿色建筑本身的基本要素，人性化则要求以人为本体现建筑以人为核心的基本要素。人性化设计是指在设计过程当中，根据人的行为习惯、人体的生理结构、人的心理情况、人的思维方式等，在原有设计基本功能和性能的基础上，对建筑产品进行优化，使用者觉得非常方便、舒适。

人性化设计是在建筑物的设计中，对人的心理生理需求和精神追求的尊重和满足，既是设计中的人文关怀，也是对人性的一种尊重。人性化设计理念强调的是将人的因素和诉求融入建筑的全寿命周期中，体现人、自然和建筑三者之间高度的和谐统一，如尊重和反映人的生理、心理、精神、卫生、健康、舒适、文化、传统、习俗、信仰和爱好等方面的需求。

由此可见，绿色建筑的设计内容远多于传统建筑的设计内容。绿色建筑设计是一种全面、全过程、全方位、联系、变化、发展、动态和多元绿色化的设计过程，是一个就总体目标而言，按照轻重缓急和时空上的次序先后，不断地发现问题、提出问题、分析问题、分解具体问题、找出与具体问题密切相关的影响要素及其相互关系，针对具体问题制定具体的设计目标，围绕总体的和具体的设计目标进行综合的整体构思、创意与设计。根据目前我国绿色建筑发展的实际情况，一般来说，绿色建筑规划的内容主要概括为综合设计、整体设计和创新设计三个方面。

1. 绿色建筑的综合设计

所谓绿色建筑的综合设计是指技术经济绿色一体化综合设计，就是以绿色化设计理念为中心，在满足国家现行法律法规和相关标准的前提下，在技术可行和经济实用合理的综合分析的基础上，结合国家现行有关绿色建筑标准，按照绿色建筑的各方面要求，对建筑所进行的包括空间形态与生态环境、功能与性能、构造与材料、设施与设备、施工与建设、运行与维护等内容在内的一体化综合设计。

在进行绿色建筑的综合设计时，要注意考虑以下方面：

（1）进行绿色建筑设计要考虑到居住环境的气候条件；

（2）进行绿色建筑设计要考虑到应用环保节能材料和高新施工技术；

（3）绿色建筑是追求人、自然、建筑三者之间和谐统一；

（4）以可持续发展为目标，发展绿色建筑。

绿色建筑是随着人类赖以生存的环境，不断濒临失衡的危险现状所寻求的理智战略，它告诫人们必须重建人与自然有机和谐的统一体，实现社会经济与自然生态高水平的协调发展，建立人与自然共生共息、生态与经济共繁荣的持续发展的文明关系。

2. 绿色建筑的整体设计

所谓绿色建筑的整体设计是指全面、动态的人性化的设计，就是在进行建筑综合设计的同时，以人性化设计理念为核心，把建筑当作一个全寿命周期的有机整体来看待，把人与建筑置于整个生态环境之中，对建筑进行的包括节地与室外环境、节能与能源利用、节水与水资源利用、节材与绿色材料资源利用、室内环境质量和运营管理等内容在内的人性化整体设计。

整体设计对绿色建筑至关重要，必须考虑当地的气候、经济、文化等多种因素，可以从 6 个方面入手：

（1）首先要有合理的选址与规划，尽量保护原有的生态系统，减少对周边环境的影响，并且充分考虑自然通风、日照、交通等因素；

（2）要实现资源的高效循环利用，尽量使用再生资源；

（3）尽可能采取太阳能、风能、地热、生物能等自然能源；

（4）尽量减少废水、废气、固体废弃物的排放，采用生态技术实现废物的无害化和资源化处理，以回收利用；

（5）控制室内空气中各种化学污染物质的含量，保证室内通风、日照条件良好；

（6）绿色建筑的建筑功能要具备灵活性、适应性和易于维护等特点。

3. 绿色建筑的创新设计

所谓绿色建筑的创新设计是指具体求实个性化创新设计，就是在进行综合设计和整体设计的同时，以创新型设计理论为指导，把每一个建筑项目都作为独一无二的生命有机体来对待，因地制宜、因时制宜、实事求是和灵活多样地对具体建筑进行具体分析，并进行个性化创新设计。创新设计是以新思维、新发明和新描述为特征的一种概念化过程，创新是设计的灵魂，没有创新就谈不上真正的设计，创新是建筑设计充满生机与活力，且永不枯竭的动力和源泉。

为了鼓励绿色建筑创新设计，我国设立了“绿色建筑创新奖”，在《全国绿色建筑创新奖实施细则》中规范申报绿色建筑创新奖的项目应在设计、技术和施工及运营管理等方面具有突出的创新性。主要包括以下几个方面：

（1）绿色建筑的技术选择和采取的措施具有创新性，有利于解决绿色建筑发展中的热点、难点和关键问题；

（2）绿色建筑不同技术之间有很好的协调和衔接，综合效果和总体技术水平、技术经济指标达到领先水平；

（3）对推动绿色建筑技术进步，引导绿色建筑健康发展具有较强的示范作用和推广应用价值；

（4）建筑艺术与节能、节水、通风设计、生态环境等绿色建筑技术能很好地结合，具有良好的建筑艺术形式，能够推动绿色建筑在艺术形式上的创新发展；

（5）具有较好的经济效益、社会效益和环境效益。

二、绿色建筑的科学规划体系

绿色建筑也称生态建筑、生态化建筑或可持续的建筑。其内容不仅包括建筑本体，也包括建筑内部，特别是包括建筑外部环境生态功能系统及建构社区安全、健康稳定的生态服务与维护功能系统。绿色建筑的体系构成涉及建筑全寿命周期的技术体系集成绿色建筑有自身的目标、目的和价值标准，以及实践绿色建筑的方式、方法与标准同时对绿色建筑科学体系的实践与探索是通过多专业、跨学科专家团队交叉合作，以严谨创新的示范与实验工程，不断探索和验证的。

（一）科学规划与绿色建筑的关系

绿色建筑的重要目标是最大限度地利用资源，最小限度地破坏环境。在城里的人想出城而城外的人想进城的当代居住消费欲望的驱动下，对城市系统周边生态功能维护、城市土地利用和城市生态保护与调控都产生了极其不利的影响。因此，科学的规划成为绿色建筑的前提与依据。

科学规划与绿色建筑之间的关系如下：

（1）绿色建筑是现代生态城市、节约型城市、循环经济城市建设的重要影响和存在条件，它影响城市生态系统的安全与功能、组织、结构的稳定，对提高城市生态服务能力的变化效率和生态人居系统健康质量起着重要作用。城市生态系统的高效存在与服务功能的稳定性是发展绿色建筑的核心基础，也是绿色建筑设计与建造技术应用的前提条件。因此，绿色建筑与生态规划之间联系密切，互为依存。

（2）绿色建筑的发展需要生态规划作为科学的核心指导原则与保障的前提依据。在城市中绿色建筑不是人类对抗自然力而建造的人居孤岛，绿色建筑是人类寻求与自然亲密和谐、共存共生的乐园。绿色建筑离开生态规划，既失去了自身的环境依据，也失去了参照的系统依据。

（3）绿色建筑是生态规划在城市中实施的重要载体。绿色建筑的存在与发展不仅需要绿色建筑技术为条件，绿色环保新材料为方法，还需要应用生态规划作为指导各项规划编制、政策法规完善、编制绿色建筑标准的核心依据，这才能够使绿色建筑推广有保障。

（4）科学规划为绿色建筑提供集约化、高效化的良好生态环境，包括最佳的风环境、空气质量、日照条件、雨水收集与利用系统、绿地景观与功能系统等；绿色建筑能够参与城市生态安全格局之间的维护系统、防护系统，参与城市系统与自然系统之间的交换，实现其呼吸功能；保障绿色建筑受自然系统有效的服务，是绿色建筑健全与完善的前提。因此，生态规划的存在与发展必然是绿色建筑迎来发展机遇的前提条件，生态规划是保障规范与发展绿色建筑的根本。

绿色建筑规划涉及的阶段包括城市规划阶段和场地规划阶段。在城市规划阶段的生态规划为绿色建筑的选址、规模、容量提供依据，并随着城市规划的总体规划、详细规划及城市设计不断深入，具体落实到绿色建筑的场地。绿色建筑的场地规划是在城市规划的指标控制下进行整体设计，是单栋绿色建筑的设计前提。

（二）科学的生态规划是绿色建筑的前提

生态规划是规划学科序列的专业类型。之所以称它为科学规划，是因为它涉及对自然的科学判断、对人类行为活动能力的综合作用评价以及人类对自身生存环境的保障与保护自然生态系统安全、稳定的行为作用。它是为提高人类科学管理、规范、控制能力而开展的科学研究与实践应用相结合的跨专业、多学科交叉探索。

生态规划学科理论是建立在建筑学、城市规划理论与方法之上，通过生态学理论和原则为基础条件，并运用规划理论的技术方法，将生态学应用于城市范围和规划学科领域。生态规划是在保障人类社会与自然和谐共生、可持续发展的前提下，确定自然资源存在与人类行为存在关系符合生态系统要求的客观标准的规划。

生态城市规划的主要任务是系统地确定城市性质、规模和空间组织形态，统筹安排城市各项建设用地，科学地配置与高效分配城市所需的资源总量，通过各项基础设施的建设达到高效的城市运行和降低城市运行费用的目标。解决好城市的安全健康，保障符合宜居城市要求的生态系统关系以及生态系统格局的稳定与完整存在，处理好远期发展与近期建设的关系，支持政府科学的政策制定和宏观的调控管理，指导城市合理发展，实现城市的和谐、高效、持续发展。生态规划在现有的城市规划编制体系中落实，最终控制绿色建筑的实施。

（1）从总体规划阶段，主要体现在如何保障城市生态安全体系的构建上。需要将保障城市生态安全的内容落实到土地利用的生态等级控制、生态安全基础上的建设容量与空间分布，并基于水资源、植物生物量及土地使用规模的人口规模控制，对生态规划的生态承载指数控制下的资源使用与土地使用容量进行动态管理、评估与释放。针对性地在规划中明确要求建立生态保护、生态城市、宜居城市及城乡一体化统筹发展的具体要求。这是在中国规划编制技术体系中，首次将规划目标与落实规划的具体方法紧密结合的规划编制技术体系的创新。同时在该阶段可以确定性质、容量规模，指导绿色建筑的选址，并针对绿色建筑的具体细节内容制定从生态城市到绿色建筑的标准。

（2）在控制性详细规划编制中，依据生态规划编制成果、指标进行深化编制，实现技术合作的纵向深入。在镇域体系与新城发展的控制规划中，对局部资源分配与管理使用进行具体控制与落实。这主要是利用整合、调节与配置的技术手段，实现保护与发展的最大、最佳及最高效的选择与集成，并在此基础上建立明确的节地、节水、节能、节材、产业结构和生态系统完整性的法定管理与科学调控。

（3）从修建性详细规划到城市设计的编制中，主要是实现规划编制成果的要求在行为与功能组织上的落实，其中包括：在大型生态安全框架中斑块、廊道体系的内部结构与内涵的组织与应用，要求建立中型和微型斑块、廊道体系；适宜生长的植物群落、种群特点、景观功能的指导，尤其是生态设施的组织与建设；在人居系统规划设计中强调人的行为控制、人行为结果的规范以及空间结构中人与自然交错存在的布局尺度、功能组织与分布效率关系。在此基础上，研究并提出了城市设计的生态模式，进行设计要求与规范。该阶段明确生态技术的系统要求，对节地、节水、节能、节材的技术进行集成，如提出推广屋顶绿化技术的应用要求、节能技术的要求和节水技术的要求等。

三、绿色建筑的科学规划体系

绿色建筑的科学体系组织结构包括以下几个方面。

1. 相关政策、法规

国家政策专业法规与技术规范、科学行政与社会监督机制、政府专业职能机构管理、政府职能机构审核批准、政府职能机构监管认证、政府职能机构督导监察。

2. 科学规划

编制量化控制与管理的核心指导依据——生态规划体系，编制总体规划、控制性规划、详细规划、城市设计，规划编制条件与科学依据基础标准，科学规划体系控制指标标准，规划指标动态变量的控制与调节，规划指标的使用质量与效率的动态量化评估。

3. 生态景观建立

生态系统服务功能系统、场地生态景观评估、场地生态功能组织设计、场地生态景观设计、调控、管理、评价、维护、使用与规范。

4. 绿色建筑

绿色建筑行业管理规范，绿色建筑标准与评估、选址立项、生态功能设计策略，绿色建筑技术集成，绿色建筑组织与设计，绿色建筑施工组织与管理，绿色建筑使用与管理服务。

四、绿色建筑科学规划体系的构成

（一）绿色建筑的体系构成

绿色建筑的体系构成是基于绿色建筑的科学体系中各个专业之间缺少关联性和理论关系的完整性、统一性而提出的要求。国内外绿色建筑工程实践经验告诉我们，割裂而孤立的各个专业不足以适应涉及多专业多学科、符合自有规律的生态系统要求。所以，绿色建筑科学体系的存在意义更加明显、更加突出。

绿色建筑的主要特征是通过科学的整体设计，集成绿色的配置，做到自然通风、自然采光、低能低维护结构、新能源利用、绿色建材和智能控制等一些高新技术，在选址规划的时候要做到合理、资源能够高效循环利用、节能措施做到综合有效、建筑环境健康安全、废弃物废气的排放减量，而且将危害降到最小。从以上可以看出，绿色建筑体系是多专业、跨学科、保证自然系统安全和人类社会可持续发展的交叉学科体系。它不仅包括建筑本体，特别是建筑外部环境生态功能系统及建构社区安全、健康的稳定生态服务与维护功能系统，也包括绿色建筑的内部。

绿色建筑的体系关系以绿色建筑科学为方法，作用于人居生态建设，达到对自然生态系统保护、修复及恢复的目的，最终提高人的生存环境、生存条件及生存质量，依靠科学技术的应用与创新，找到人和建筑与自然关系和谐的科学途径。

1. 绿色建筑的构成体系关系

说明绿色建筑在自然、人居系统中的存在的位置。它与人的生存活动和生态景观共同存在于城市生态系统及城镇生态系统中，并共同构成人居生态系统。

2. 科学体系关系

通过与人、生态景观的和谐共生，优化城市及城镇生态体系服务功能，提高城市综合运行效率，实现人居系统可持续科学发展能力，构成绿色建筑的科学系统。

3. 学科支撑体系关系

生态规划客观指导下的科学规划成为建构绿色建筑的科学体系的前提条件和基础保障。

（二）绿色建筑的学科构成

绿色建筑学科体系建立的核心是科学的发展必须符合自然自身的规律，而这个规律是不以人的意志为转移的。人类的智慧和科学研究已经涉及自然自身规律所应有的多学科的存在，我们不能以某一个或某几个学科的理论体系完成自然系统自身规律和人类发展规律的解读。它的理论体系最核心的东西是如何利用交叉学科、多学科的研究，把各个单一专业学科的理论体系中相关性的依据结合成一个复合型的交叉学科体系。

绿色建筑的学科构成从宏观上分为三个层面，即绿色建筑在城市生态系统层面的学科构成、绿色建筑自身系统学科构成、绿色建筑与人之间的关系的构成，最终以客观的科学方法解决建筑与系统、人与建筑之间的和谐、优化、高效、可持续的共生关系，使客观的自然存在与人类主观意志和愿望达成动态的平衡统一。

（1）绿色建筑在城市生态系统层面的学科构成涉及三大类基础学科，其中包括生态学、建筑学和规划学，同时它还涉及从自然科学到人文科学及技术科学的众多学科，是这些学科的理论及方法以规划为载体的实践与应用。涉及的自然科学学科包括地质、水文、气候、植物、动物、微生物、土壤、材料等，涉及的人文科学学科包括经济、社会、历史、交通等。

（2）绿色建筑自身系统学科构成除建筑学科常规的内容外，还包括与建筑自身功能相关的学科，如建筑的热工、光环境、风环境、声环境等，还涉及能源、材料等各类技术。

（3）绿色建筑与人之间关系的构成。建筑是人类生活的全部载体，人类的信仰、情感和美感以及经济、政治等各门学科都会反映到绿色建筑上。

（三）构建绿色建筑的技术系统

对绿色建筑技术体系的具体研究与实践是推广应用的根本，需长期从事绿色建筑的实践，并不断进行系统的基础理论研究与设计实践，通过多专业、跨学科专家团队的交叉合作，以严谨创新的示范与实验工程，不断探索和验证应用绿色建筑科学体系的完善途径。

就绿色建筑研究与实践而言，通过生态景观、科学规划的研究与实践，结合绿色建筑功能、技术与材料的系统集成，绿色建筑适宜应用技术、新材料、循环材料、再生材料的研究与开发应用，及建筑室内生态设计等，探索一条共同构成绿色建筑综合生态设计应用、推广的科学技术体系。建构绿色建筑的技术系统主要涉及以下内容：

第一，绿色建筑对城市与村镇系统生态功能扰动、破损与阻断的控制、管理与修复；

第二，绿色建筑全寿命周期的组织、控制、使用与服务的系统管理；

第三，建筑设计与建造对能源、资源、风环境、光环境、水环境、生态景观、文化主张的系统组织；

第四，实现绿色建筑节约与效率要求的新材料、新技术的选择与应用；

第五，建筑内部空间、功能使用与环境品质的控制。

1. 政策、规划层面

（1）立项组织。绿色建筑的立项组织应具有合法性、完整性、科学性和针对性，选址符合科学规划的要求。

（2）生态策略规划设计。从建筑全寿命周期的角度，依照系统、景观、功能、文化需求定位，综合集成实施对策、技术、选择、标准与组织。

（3）场地设计。微生态系统组织设计、生态服务功能设计、场地布局与基础设施设计、场地材料与应用技术集成组织、场地景观与文化表达设计。

2. 设计建设层面

（1）生态功能设计。建筑的功能、效率、体形、形态、色彩、风格、建造与场地景观，构成和谐高效整体的组织及技术选型、集成与规范、标准。

（2）建筑设计。以建筑技术的组织集成构建建筑本体与外部环境、室内等综合系统协调，涉及建筑的资源、能源、风、光、声、水、材料等系统，结合合理的结构、构造设计，达到宜人、舒适的目标。

（3）工组织。控制对环境的破坏及对生态系统的扰动，控制施工场地、功能组织、材料与设备管理、操作面的交通组织、施工安全与效率、场地修复与恢复。

3. 行政、管理层面

（1）物业管理。制定物业服务标准、建筑系统运行的高效节约管理标准、物业服务程序规范、物业监督管理规范。

（2）使用与维护。制定绿色建筑使用的行为规范、绿色建筑维护的技术规范。

（3）拆除与处理。制定建筑拆除的环境与安全规范，实现建筑拆除材料与建筑垃圾的资源化处理方法和再生循环利用规范及适用的技术意见、场地修复与恢复。

（五）国内外大量的实践

经验表明，绿色建筑能提高使用的舒适性，节约资源和降低建造和使用过程中的能耗，并降低环境负荷，对于提高建筑的经济效益，解决能源危机，实现人类社会的可持续发展有着重要意义。因此，作为绿色建筑的设计工作者一定要在建筑设计中掌握绿色建筑设计的科学技术路线，贯彻环保节能的设计理念，实现良好的经济和环境效益。

1. 绿色建筑设计的技术路线建立原则

绿色建筑设计的技术路线的建立主要应遵循以下三个原则：

（1）在绿色建筑系统逻辑的基础上，建构和维护建筑与生态系统关系，并满足人对建筑需求的方法与手段及所采取的科学途径。

（2）基于建筑学的技术方法，结合多学科、多专业交叉合作，将技术方法和技术手段进行系统化组织规范，并形成整体集成的实施应用技术体系。

（3）尊重不同地区的经济、文化等方面，同时尊重并把握自然、建筑、人三者之间的关系。

2. 绿色建筑设计的技术路线组成

绿色建筑的技术体系构成主要由三个基础部分组成：第一部分是绿色建筑在城乡时空序列中的功能配置；第二部分是绿色建筑自身构成序列的整体综合系统集成，体现功能的集约效率；第三部分是绿色建筑在设计、施工、使用和管理中的技术综合系统集成。

第三章　绿色建筑施工管理体系

第一节　绿色建筑施工与问题

绿色建筑理念从国外引进中国以来，行业人士对绿色建筑以及绿色建筑标准的认识各不相同，很多人把绿色施工当作绿色建筑，把绿色建筑理解为绿色施工，认为把绿色施工做好就达到了绿色建筑的标准。

一、绿色建筑和绿色施工

要想构建出一套比较成熟的绿色建筑施工管理体系，要想全面发展绿色建筑，首先要区分绿色施工和绿色建筑之间的关系。只有让绿色建筑相关理念融入人心，使得每一个参与绿色建筑的人具备软文化。

（一）绿色施工

绿色施工是指工程建设中，在保证质量、安全等基本要求的前提下，通过科学管理和技术进步，最大限度地节约资源与减少对环境负面影响的施工活动。总体框架由施工管理、环境保护、节材与材料资源利用、节水与水资源利用、节能与能源利用、节地与施工用地保护 6 个方面组成，是综合了传统施工方式但又高于传统施工方式的一个更加科学、更加规范的施工方式。它涉及可持续发展的各个方面，包括减少物质化生产、可循环再生资源利用、清洁生产、能源消耗最小化、生态环境的保护等。

绿色施工并不是很新的思维途径，大多数施工单位在采取这些绿色施工技术时是比较被动的、消极的，对绿色施工的理解也是比较单一的，还不能够积极主动地运用适当的技术、科学的管理方法以系统的思维模式、规范的操作方式从事绿色施工。事实上，绿色施工并不仅仅是指在工程施工中实施封闭施工，没有尘土飞扬，没有噪声扰民，在工地四周栽花、种草，实施定时洒水等这些内容，还包括其他大量的特别措施。

绿色施工是指建筑工作者、建筑工人在施工过程中安全有所保障的情况下，通过先进的管理手段，运用先进的绿色工程技术，最大限度地节约建筑材料，采用新型的建筑材料，从而减少对环境的污染的施工活动。

我国要大力号召绿色施工工程的推进，督促脏乱差施工项目迅速转变施工模式，同时政府要发挥领导作用，奖励绿色示范工程；此外，也可以让绿色示范单位对一些落后工程做指导，使得技术水平较差的施工单位引进先进的施工技术、制定先进的施工管理方案、采用先进的施工管理体系，在全国范围内，全面建设绿色工程。

（二）绿色建筑

绿色建筑概念是于建筑的全寿命周期内，最大限度地节俭资本，节约能源，提供康健合用、充分利用，与天然协调共生的修筑。德国建筑师英恩霍文更详细的阐述是："用比较少的投入取得最大的功效，用比较少的资本耗损，收获最大的使用价值。"

现阶段我国是经济转型阶段，为了减少能源的大量消耗，必须把传统的发展理念转变为绿色建筑理念，把高消耗高污染的模式转化为低消耗低污染的模式。绿色建筑在保证质量、安全等基本要求的前提下，通过科学管理和技术进步，最大限度地节约资源与减少对环境负面影响的施工活动，实现"四节一环保"（节能、节地、节水、节材和环境保护）。绿色建筑的基本要求便是在于百分之百地操纵可再生资源、轮回操纵资源，其直接结果便是节俭资源，有利于资源的天然轮回，从根本上保护天然环境和生态环境。绿色建筑的"绿色"，并不是指一般意义的立体绿化、屋顶花园，而是代表一种概念或象征，指建筑对环境无害，能充分利用环境自然资源，并且在不破坏环境基本生态平衡条件下建造的一种建筑，又可称为可持续发展建筑、生态建筑、回归大自然建筑、节能环保建筑等。

（三）我国全国各省份绿色施工实施现状调查研究

由于我国各个城市的经济水平发展不一，因而绿色建筑业在各个城市的发展也是各不相同，在我国一线城市，如上海、北京和广州，绿色建筑业已经发展到比较发达的水平，无论是商业楼宇还是居民住宅都基本已经实现绿色建筑。政府出台的政策大多侧重绿色施工方面。但是在二线城市，绿色建筑处于发展阶段，南京则出台一些绿色标准，厦门出台了施工方案。在三线城市，如河北石家庄，绿色建筑处于萌芽阶段，只是推进绿色建筑，然而山西太原、兰州，对于绿色建筑的发展推广处于比较落后的水平。经济水平决定上层建筑，我国各个地域经济发展不均衡导致建筑业水平参差不齐。

（四）绿色施工管理的发展

随着绿色建筑施工的发展，绿色施工管理也在逐步发展，大体来说经历了三个阶段。

第一个阶段是以环境保护为主要目标的环境管理阶段，在绿色施工初期主要是以环境保护为目标，政府部门为建筑业建立相关的环境保护策略，施工部门不断监测、定期评审，最终达到不污染环境的建筑。此阶段工程通常是标准化认证和申报文明示范工地，即ISO14000环境管理体系标准化。

第二个阶段是在施工过程中超越环境保护的全要素管理，该阶段绿色施工的管理应考虑的要素是进度要素、成本要素、人员要素、质量要素、资源要素、环境要素，相应的应以进度、成本、人员安全、质量、资源节约、环境保护作为绿色施工管理的目标，采取的管理措施包括组织管理、规划管理、实施管理、评价管理、人员安全与健康管理，这也是绿色施工相关规范中要求采取的管理措施。

第三个阶段是超越施工过程的全过程管理，为了达到绿色施工的要求，不仅要在施工阶段采取相应的措施，而且在可行性研究阶段以及设计阶段都应考虑最终绿色施工的可行性。

二、绿色施工管理中存在的问题

传统的施工管理体系已经不适用于现代绿色建筑。据调查，尽管全国各省份都在大力推广绿色建筑，但是就施工管理方面来说，管理制度没有与新时代的绿色技术齐头并进，很多施工单位都使用老套的管理制度，这导致了施工效率低下，总的来说，有以下几个方面。

（一）施工管理制度需要更新

建筑开发商需要改变传统的管理制度，在大数据时代，需要建立自己的数据库。加大管理力度，在传统的管理制度下，开发商总是把工期作为终极目标，认为参与整个项目的各类人员在规定的日期内竣工就达到了目标。但是绿色建筑重在节能和低能耗，所以开发商有必要把节能和低耗能作为企业业绩的考核项目之一。这样，开发商不仅可以节约自己的成本，而且给社会建造出了环保的建筑。

（二）绿色施工技术有待提高

一些施工单位名义上是进行绿色施工，但是采用的一些建筑方法还是按照老套的技术进行工程。比如，一些新型环保型的材料比较昂贵，施工单位为了节约开支，不采购新型环保型的材料而是依旧使用传统材料。随着新型材料的应用，工程工序上也要进行调整，这样才能保证新型材料发挥其环保作用。但是部分施工单位在使用新型材料的时候忽略其使用说明盲目赶着工程进度。

（三）管理能源技术较差

目前，我国不能很好地管理能源以及应用资源。在使用管理能源这一方面建议采用新型能源，如天然气、太阳能、风能等无污染环保节能能源。据统计，我国单元修筑面积能耗是欧美国家的2～4倍，这给社会带来了严重的能源压力，同时对环境造成了一定污染，这是我国绿色施工管理在能源方面管理的不足之处。

（四）人员安全与健康得不到保证

建筑施工的环境属于高危环境，高楼玻璃的安装，这些通常需要建筑工人爬到很高的地方去作业，人员的安全得不到保证。此外，建筑工人居住环境恶劣，特别是在酷暑，部分工人宿舍都没有安装空调。

在绿色技术以及绿色施工和绿色建筑逐步推广的过程中，出现上述提到的各种问题。我国建筑业水平有待提高，面对问题时只有解决了一个个小问题，大问题也就会迎刃而解。

从经济、政治、文化的角度上解决问题和创新。要从开发商、施工人员、政府、运营商、科学技术等方面入手。只有从基础抓起，才能稳步向前。我国需要的是真正意义上的绿色建筑，而不是形象工程。本节指出了绿色施工过程中出现的各种问题，值得每一个建筑师重视，值得国家和政府关心，相信只有解决好上述问题，落实好细节，我国绿色建筑未来的发展定会有所超越。

第二节　绿色建筑施工管理方案设计

一、建立绿色施工理念

由于大多数工程的施工人员是农民工，这类建筑工人的知识水平普遍较低，绝大多数人根本不了解什么是绿色施工，如何绿色施工，他们只是听从包工头的命令踏实工作。事实上，一些建筑工人根本不会灵活地使用绿色技术，面对绿色产品也是束手无策。建筑管理人员更不能以科学的管理方法管理整个项目的运营。部分建筑行业从业者认为在建筑物旁边栽培绿色树苗就是绿色施工，同时达到了绿色施工的效果。绿色理念似乎离他们很远，施工单位为了工期也根本没有利用一些时间对建筑工人进行职业培训，为此有必要让基层建筑从业人员了解绿色施工理念。

绿色施工重在材料的选择。项目工程的好坏与工程所使用的材料有着密切联系。改变传统的施工就必须从施工材料的选择开始。我国要利用先进的科学技术研发新型的建筑材料以促进绿色施工的发展，改变传统的墙体材料，如现在市面上的壁纸，这些壁纸在视觉上给人以美观的享受也节约了一些原材料，部分壁纸还具有保温防水的作用，功能繁多，我们需要开发类似这种的建筑材料用于房屋建筑。另外，还可以把原来的高能耗原料加工转化为精品用于房屋构建，这样在建筑过程中就不再需要大量的钢筋水泥，取而代之的是高环保、低污染、高质量的材料。同时，我国也需要加大研发新型材料的力度，转“废”为“宝”，在积极鼓励企业自主创新研发新型材料的同时，也要引导企业与各大高校合作，一起研制新型建筑材料，加快研制速度，形成科研研发部门、企业转化的良性循环技术创新战略模式。

二、绿色建筑施工材料的管理与材料选择

在建筑施工选材中，适当的选用建筑原料，降低传统原料的使用量是首要任务。在建材的选择中，首先考虑的是材料的生命周期，因地制宜，如新型的材料模板、可周转材料、混凝土、有色玻璃等，甚至可以根据当地气候选择一些可以利用太阳能的材料。总之是要大力发展绿色无污染工业，选择无污染环保原料。材料的选择影响着整个工程的质量，以下是绿色施工工程在选材方面的详细内容。

（一）绿色建筑施工中材料的选择

传统的建筑工程材料有砖块、瓦、木头、白灰、土坯、高粱秸秆以及芦苇等，这些材质的原料有的循环利用率低，有的甚至不能循环再利用。尽管这些材质的原材料购买成本低，但是一旦建成建筑其实用性较低，保存年限较短。新型的绿色建筑施工采用现代建筑原料。

新型的建筑材料不再像以前那样种类单一，其包括的范围较广，就材质方面来分，可分为金属材质、玻璃材质、化学材质等。就功能上分，有墙面材质、门窗材质、保温材质、防水材质、装饰材质、黏结和密封材质 [所选材料属于环保材料的范畴，胶、密封材料及密封基料符合“南海岸空气质量管理区”（SCAQMD）条例 168#/168 号规定（South Coast Air Quality Management Distric t Rule#l68）]。此外它们具有抗压、防震、质量轻、不易碎、环保节能等特点。用新型材质构建各类实用性建筑不仅使建筑具有更多功能并且充满了现代高科技的气息，符合 21 世纪人们的审美。

对于楼层墙体可以使用防水密封、保温隔热的材料，部分房间的墙体采用矿棉吸声板，它们具有良好的隔音效果。为了满足绿色建筑环保节约理念，所有门窗都使用异型材门窗以及部分室内地板设计为塑料地板，它们具有防静电、不易燃、耐污染等特点，符合加州健康署关于各种来源 VOC 检测要求及产品要求。对于楼宇内管道可以采用塑料管道，主要有电线导管、冷热水管以及燃气管等。一些大型会议室还铺有纤维地毯，满足建筑物防静电、防污染等要求。

用于室内铁质物的防腐，防锈涂料其标准要满足 VOC 含量不高于绿色标识标准 GC-03（Green Seal StandardGS-03）（第二版，1997 年 1 月 7 日）规定的 250g/L；墙体以及需要涂层的油漆含量符合“南海岸空气质量管理区”（SCAQMD）法规 1113 号（South Coast Air Quality Management District Rule#1113）“建筑涂层”的规定。建筑室内使用的复合木材和秸秆制品（包括现场施工的内防水系统材料），并没有含有游离的尿素甲醛树脂。现场预制层间胶合购置复合木材及秸秆也没有含有游离甲醛树脂。

综上，该材料选择方案摒弃了传统材料的不足，充分利用了现代建筑材料的优点，体现了绿色建筑施工的核心理念。

（二）绿色建筑施工材料管理

目前，我国的建筑施工水平依然处于比较粗放的水平，大多数施工人员更加注重结果而忽略了过程。为达到预定的工程效果，缩短整个施工周期，通常以牺牲环境为代价。一般情况下，刚刚竣工的大楼周围是施工所产生的垃圾，往往堆积在大楼墙角，这些垃圾里甚至有可以再次使用的砖块、崭新的钢筋、残剩的水泥等。这显然不符合绿色建筑施工中资源管理的理念，绿色建筑施工材料管理须确保材料的循环使用。为此，各个工程需要合理管理材料的使用量以及使用强度，按照以下几条做到最大限度地节约材料：

1. 在施工之前，首先要对模板支撑做一个全面的分析，选择合适的策划书，传统行业的模板已经不再适用于现代建筑，可以适当选用高科技材料，如铝模板等。这些新型模板与传统模板相比，质量较轻，拆卸方便，周转次数高，大大节约了工作时间。整个工程鼎力踊跃推行“四新技术”，节俭材料。

2. 定期维护工具式可周转材料，增加它们的可用周期及周转次数。如本工程临边洞口全部采用可周转工具式防护栏，安全环保，降低成本。

3. 工程自开始都要打地基，需要挖土，所挖出来的土可以原料填补其他就近工地的基坑，尽量不要购买回填土。

4. 资源再生利用要符合规定：所有的纸、本两面都要使用，尽量不要使用一次性纸杯，给每一位工作人员配一个个人专属水杯。工地所有的垃圾需要分类，分为可回收垃圾和不可回收垃圾。

5. 现场材料包装用纸质或塑料、塑料泡沫质的盒、袋均要分类回收接管，集中堆放。回收率达到 100%。

6. 采用国家和地方禁止和限制使用的建筑材料及制品，禁止使用石棉。

7. 工地采用预拌混凝土和砂浆，节省原料，降低扬尘。

8. 减少预拌混凝土的损耗，损耗率不大于 1.0%。

9. 所用木材来自具备营业资质的木材厂家，确保砍伐、交易来源合法。至少 50% 的木材通过了 FSC 认证。

10. 项目以下部位所使用的总的建筑骨料中有 25%（重量或者体积）来自再生骨料：

结构框架、楼板，包括地面层楼板、沥青或水硬黏结基础、拉结层，及完成铺筑的地区和路面的表面层、沥青或类似材质的路面、颗粒填充与封顶、管道垫层、基层、景观用砾石可采取再生陶瓷混凝土、再生混凝土等。

11. 采用二次加工的、可再使用的原料，其总量按价钱来讲，至少占到工程材料总价值的 10%。

12. 采购快速再生材料及产品，如竹子制品按价值计算，至少占到工程材料总价值的 2.5%。

13. 采用高强建筑结构材料，降低材料用量。受力普通钢体使用高于 400MPa 级钢筋占受力普通钢体总量的 85% 以上。采取高持久性建筑质料，增加使用年限。高耐久性的高性能混凝土总量占总数目的比例大于 50%。

统计工程材料用量，记录所有建筑材料的用量、隐含碳、费用、相关环境管理体系 EMS 认证（国际级、国家级、区域级或企业级 EMS）资质如 ISO14001，并通过监理签名核实确认。记录以下材料的用途、来源、费用及相关认证凭证，并通过监理签字核实确认以下几种材料的数量：本地化材料，骨料用可再生骨料，再利用材料，循环再利用材料，快速再生材料，施工废弃物处置，认证木材，低挥发性材料。

三、绿色建筑施工节能与能源利用管理

在建筑过程中，提高能源利用率和降低能耗是节能的两大主题。需要重视的是，可再生能源是未来建筑领域发展的方向。我国建筑行业在降低能耗方面有较大的提升空间，如我国的采暖供热系统，单位面积的能耗是相同环境下世界平均值的 3 倍。不仅需要提高建筑人员建立系统的整体的绿色节能理念，并且需要制造材料的人员建立绿色建筑观念，才能从根本上解决原材料能源问题。

（一）制定有相关保护环境政策

对建筑工地的所有耗能设备进行监测，如项目工程中各个区域用电量需要分别规定，施工设备用电量较大，区域照明用电量相应较少，这些都需要工作人员做相应的记录。如果建筑周围环境阳光充裕可以利用太阳能为耗电设备供电，太阳能光板车棚及道路路灯，可以利用太阳能进行充电。

（二）临时用电设施

临时用电设备采用我国一些具有节约能量，保护环境性质的设备，空调设备采用变频空调。工程中随时根据技术购买和更新用电设备，选一名工作人员估算用电量，以选好变压器容量，工地上有时会临时用电，这时候接电显得极其重要，需要由电工来实施操作，以免发生事故，引起伤亡。对于高温天气，配备了相应的制冷设备，但是这些空调和电风扇也需要规定使用时间和使用限制。

工地上的照明灯光照时间严格按照照度规定，范围控制在 +5% ~ -10%。夜间作业结束后，及时把大部分照明灯关掉，剩下一些耗能较少的灯用来照射道路，路灯选择一些节能电灯，如太阳能灯、LED 灯。白天可以吸收太阳能对灯体进行充电，晚上直接用于光照。照明用具宜选用节能型用具；临时用电装备宜采取声控，光控等环保型灯具。

总之，工地上的照明用电能省就省，绝对不出现大白天开着灯的现象。

（三）机械设备

施工机械选用了高效节能电机，其能源利用率高，一旦出现使用功率大于额定功率立刻自动断电以免烧毁设备带来经济损失。

在机械设备使用顺序安排上，优先选择功率较小的设备进行作业，对于一些需要焚烧的废品不能直接焚烧，可以购买一台机械粉碎机，进行物理粉碎，虽然会耗费一些电能，但却减少了环境的负担。定期监控重点耗能设备的能源消耗情况并随时记录，杜绝一些大型设备低负载工作，减少对机器设备的磨损。

对整个工程所用到的机械设备有专门的人员做统计，可以建立一个小型的数据库，里面有机器型号、名称、使用时间、维修时间等数据记录，充分掌握大型机械设备的使用情况，机械设备在使用过程中一旦出现一些小问题可以随时修理，这样既能降低机械发生故障的概率，又能节约人们的时间提高工作效率。

（四）对于临时设施使用也要做到耗能最小化

施工过程中难免会遇到加班的情况，临时办公桌的搭建，夜晚工作的照明，这都需要紧急安排，照明灯的功率选择适合人们的。对于一些临时住房，如果在冬季可以选择阳光可以照射到的地方进行搭建，如果是夏天可以选择通风较好的地方搭建房屋以免所住人员受潮影响工作。

（五）材料运输与施工

采取能耗少的施工工艺。项目工程师合理安排进度，松弛有度，使得建筑工人们高效作业，整个工期确保不出现物力财力人力的浪费现象。

（六）拟定并实行整个工程节能和用能方案，监测、纪实并陈述具体能耗

在项目没有开始之前，由环保专家预测整个工程的总耗能和具体每个施工环节的耗能情况，施工过程中施工人员需要严格按照总的节约能量的方案进行工作，如果有紧急状况可以向上级申请。对于一些机械设备的使用可以参照上述提到的方法。施工过程中具体的耗能也需要建立一个数据库，指派数据分析人员来负责监测、收集并报告施工过程相关能耗及交通能耗数据。然后在会议上将数据公布所有施工人员，务必使每个工人严格遵守节约耗能方案的条例。

四、绿色建筑施工水资源的管理与水资源利用

中国是一个水资源极度匮乏的国家，人均水资源量是世界平均水平的 1/4，工地节

约用水迫在眉睫。一些施工工地所用水管老化，难免会出现漏水问题，当地相关管理部门并没有注重此问题，忽略节水的重要性，人们最大排放污水，有时甚至浪费水。为了呼吁全体施工人员节约用水，主要做以下几方面工作：安装水表，在工地建筑人员宿舍装上水表，以免建筑工人耗费水资源；按照区域分配水的供应量，使施工人员有节约用水意识。也可以建立奖励制度，哪个区域节约用水可以奖励现金或者别的。此外，可以把传统的水龙头换为节约型水龙头、感应型水龙头，这样杜绝了水的浪费。

（1）拟定并实行项目工程用水方案，纪实且陈述项目工程消耗水的情况。

（2）定时采集各区域水表数据。

（3）监测、纪实并陈述基坑水的使用情况。

（4）操纵轮回水洗刷、降尘、绿化等。

（5）指派人员来负责监测、收集并报告施工过程相关水耗。为确保数据的有效性，指派人员具有获取相关数据的权利、责任。

（一）制定高效节约用水制度

水资源对全球来说是极其匮乏的，梅溪湖工程根据自身地理位置的特点，制定出了一系列用水制度，此次工程紧邻梅溪湖，可以适当使用湖里之水，湖水可以用于施工。对于生活用水可以用来冲洗厕所。各区域的水龙头都装有水表用来监测用水量，水龙头采用节能水龙头，最好都是感应出水水龙头。工程用水和生活用水分别统计，对于生活区的用水（包括饮用水和洗漱水），可以给工作人员每人分发水卡，用水量超过一定的额度就要自行购买。统计人员统计数据的时候顺便可以检查一下水龙头是否出现故障避免发生漏水现象。

水资源的操纵应切合如下划定：

工地上部分基坑有积水，积水使用的时候首先要检测水质。如果各项指标达标，则可以用于搅拌泥土，冲洗机械设备，也可用于洒水车上对路面洒水避免扬尘。

（二）采取有效的水污染控制措施

对于产生的废水需要得到水质公司的监测才能排放到外界，如果贸然把污水排放到大自然流域，就会破坏生态系统，导致河里的水草充分吸收化工磷元素疯狂增长以致水生物缺氧而无法生存，这毫无疑问破坏了生态平衡。由此可见，有效的控制水污染是极其必要的。首先要保护地下水资源，禁止抽取地下水；其次是要保护周围河流，此次工程附近的梅溪湖受到了合理的保护，工程竣工后，水质检公司检测各类指标都符合相关规定。

对于一些易挥发的化学用品需要做密封处理，避免其挥发溶到水里污染水源，对油料储存罐应提供适当的二级防护，对于其他液体如润滑油、液压液提供临时的存储区域，这都确保了水资源不受污染。

培训工人正确运输和使用油料和化学品，并在出现泄漏时能够正确应对；在不透水区域设置燃料补给区和其他液体转移区；场地提供有便携式泄漏控制及清理设备，并培训工人正确使用；为场地所有工人提供足够的卫生服务设施；雨水、污水应分流排放。制定施工期间有效的降雨排水方案，制定施工期间排水方案，标示出检修口、入水口，如果允许，工作安排应避开强暴雨期，在强降雨和大风天气，应调整工作安排。

地上施工时，作业层外立面应采取封闭措施，或根据实际项目情况，制定有效的防尘外溢措施。对于一些原本肥沃的土地因为施工变得荒芜，可以种植花草。采用泥沙沉淀池、拦砂网，或水处理，防止或减少离场沉淀；在远离河流、水井及其他河道的专有区域进行可能造成水体污染的活动。

五、绿色建筑施工土地资源的管理与用地保护

为了节约占地面积以及较少对周围居民的生活影响，项目规划部需要合理的规划工地宿舍占地面积，临时围墙等，并尽量选用集装箱活动房，减少场地硬化。根据施工大小，施工人员的数目合理的规划。

对于建筑工人员的活动房的搭建，选择材料尽量使用可以重复利用的集装箱板房，尽量不要使用一次性材料。施工现场材料的堆放地选择在靠近临时交通站，以减少材料的二次搬用，节省时间和人力，提高了工作效率。现场场地内用预制混凝土板进行铺装形成环形通路，用完后吊走在下一个工地使用，避免现浇混凝土硬化产生二次破除减少施工中产生的扬尘。

（一）节约用地

施工场地在保护原有建筑物、道路等基础上，在保护环境的前提下应该做到降低废弃地的面积避免死角。

在经批准的临时用地范围内组织施工，施工现场用地范围，以规划行政主管部门批准的建设工程用地和临时用地范围为准，必须在批准的范围内组织施工。比如，采取预拌砂浆，削减工程占地，削减现场湿作业和扬尘。工地各个门路设置合理，具有各类机动车挖掘机等装备进场、具有消防安全分散通道。一旦发生紧急事故可以把损失降到最少。

推进建筑工业化生产，提高施工质量、减少现场绑扎作业、节约临时用地。

（二）保护用地

整个工程需要减少挖土区域，不能挖得太深，尽可能地做到对土地最低限度地开采。对于施工场地周围的绿色植被可以适当保护，迫不得已再砍伐可以根据实际情况予以保

留，这样保护了底盘也保护了周围天然环境。施工取土、弃土场应选择荒废地，不征用周围农田，工程完工后，按“用多少，挖多少”的原则，及时复原原有地形、地貌以及绿色植被，对一些原本不用的土地尝试造田，增添耕地。我们在最短的时间内恢复了周围民众的生活。

六、绿色建筑施工与环境保护

绿色建筑施工一定要做到环境保护，实现人与自然的和谐统一。环境是人类赖以生存的最根本的资源。施工过程中要确保对环境的开采做到最小。保护环境就是保护人类的未来，就是实现可持续发展，就是发展生态文明。保护环境是“四节”的最终目标。实现“四节”就是为了保护人类最原始的自然资源。

七、人文历史环境下的绿色建筑施工管理方案

上述几节所阐述的是一般适用性的绿色建筑施工管理方案，考虑到每项工程的人文历史环境的不同，绿色施工管理的方案设计也要考虑若干因素。

1. 从人文角度来说，绿色施工应当渗入地域文化，在当代，一个城市的建筑物可以被看作一种“符号”，地标性的建筑物更容易给人们留下深刻的印象。人们熟知的有悉尼歌剧院、古老的埃及金字塔等。因而在建筑施工材料的选择上可以适当选择当地人们喜欢的材质，比如布达拉宫红宫墙，它的墙体材料是由草和泥所筑，因为红宫是宗教之地，所以宫墙被涂成红色。宗教里红色是生命和创造性的色彩，大红的宫墙代表着当地人们的宗教信仰，体现出人们对生命的崇敬。

2. 从历史角度来说，绿色施工方案设计的选择上可以考虑建筑物的历史，去游览故宫的时候，个别宫殿正在修葺并没有对游客开放，工程施工队必定考虑到故宫悠久的历史，宫殿内部的壁纸、地板等材料也是选择与古代相近的色泽、图案。

3. 从环境角度来说，施工可以分为：铁路、公路、地铁等各种环境。比如铁路施工的时候，各个地方的自然条件不同，轨枕间距也会有所调整，比如我国绝大多数铁路采用标准轨距，1435mm，只有昆明至河口采用1000mm窄轨距，台湾采用1067mm窄轨距。此外在一些容易发现危险（雪崩、地震）的路段，可以设置高速铁路防灾监控；公路施工的时候由于路基的不同，所用的沥青材质也会不同，在城市内部建设公路时通常在公路周围加隔音板，但是在荒凉的田野就没有必要加，这做到了节材；再有铁路路基施工过程是改变自然生态环境的过程，在取土、弃土及土方爆破过程中都有可能影响原生态自然环境。在路基上运行的运碴道路应洒水，避免土质路面行车。现场道路采用焦渣、级配砂石等路面，并指定专人定时洒水清扫，以防止粉尘污染环境或在春季影响农作物授粉。工程施工取土场及堆放场地，必须植树种草。地铁施工的时候，施工人员的安全

必须格外重视，由于天气等原因，比如夏季下雨通常会造成施工场面注水，一定得注意防漏电以免造成人员伤亡。

总之，绿色施工管理方案设计要针对具体工程，理论联系实际，只有这样，绿色施工才是真正意义上的施工。

本节提到的都是绿色建筑施工的核心技术以及具体的管理方法，很显然，我国的绿色技术处于发展阶段，我国需要建立和健全关于绿色建筑的奖励机制，大力推广绿色建筑。虽然现在绿色建筑是未来建筑业的必然发展方向，但是广大人民群众对此却不是很关心，甚至是一些本专业人员。这导致政府、土地开发商、设计公司缺乏对绿色建筑的热情，没有动力去推广绿色设计及施工理念。政府部门基于现实情况需要出台一系列的奖励政策，鼓励从事建筑行业人员发挥自主创新能力，推广绿色建筑施工。可以效仿国外发达国家的奖励制度，比如美国对一些绿色建筑实施减免房产税收，日本会给环保房屋开发商提供货代优惠，减免部分税收。我国相关的政府部门应该加大审批管理力度，加大监督力度，倡导土地开发商在建筑房屋的时候使用新型原材料，引进高科技建房技术，重视环境保护，让绿色原料成为建筑业的主力军。

我国建筑施工水平有待提高，企业也需要改变传统的管理制度，需要建立自己的数据库，加大管理力度，把节能和低耗能作为企业业绩的考核项目之一。这样，建筑企业不仅可以节约自己的成本，而且给社会建造出了环保的建筑。笔者认为，现代化的建筑施工企业需要做到以下几方面：一是要加大整个建筑的参与管理力度，采用施工设计一体化，就是需要参与整个项目的各类人员了解整个建筑项目主要内容。二是设计人员、施工人员乃至是开发商都需要了解整个项目内容。这样在建筑材料的利用过程中，他们可以更加节省原料。

此外企业可以从财务的角度出发节约能源，合理地控制好财务支出，其报表需要体现出支出的具体内容，写明项目明细，对建筑进行成本控制，减少能耗。开发商的建筑节能并不是考验开发企业的绊脚石，相反却是给开发商带来巨大利润的空间。绿色建筑施工不仅给企业节约了成本而且给企业带来了巨大的利润。

第三节　绿色建筑施工管理体系构建

一、绿色建筑施工管理

绿色建筑是由建筑规划、设计、施工、运营维护等四个阶段构成，施工阶段是绿色建筑的组成部分。因此，绿色施工是实现绿色建筑的一个重要环节。实施绿色施工是建设节约型社会、发展循环经济的必然要求，是实现节能减排目标的重要环节。绿色施工管理主要包括组织管理、规划管理、实施管理、评价管理和人员安全与健康管理五个方面。其中绿色建筑施工管理组织管理是实现绿色施工的核心环节，重点强调系统的管理，没有条理的管理，就没有绿色建筑。把管理和绿色相结合，使二者交相辉映，方能建造出绿色环保型的建筑物。

二、绿色施工组织管理

组织管理是绿色施工管理体系的核心，组织建设得好，责任分工到位就能基本确保绿色施工所涵盖的内容。一般来说，很多施工企业只是在项目部层次建立了绿色管理小组来开展施工。但是这样只能从表面上做到绿色施工，而且工程干完了也就结束了，不能从系统上按照绿色施工的要求可持续发展。要想将绿色施工管理做到位，必须从集团总部、分子公司以及项目部三个层次分别设立管理小组并及时进行总结改善，必须有专门的部门来进行管理。这样才能合理安排具体任务，凝聚集体力量构建绿色建筑。

（一）集团公司层面成立绿色施工管理体系

应成立以公司总经理为组长，公司副总经理为常务副组长，三总师为副组长的标准化推进小组，以及以总工程师为组长的绿色施工实施推进小组。

1. 标准化推进小组

公司施工标准化管理的决策组织，统一领导公司施工项目的标准化制定，安全防护及环保标准化、绿色施工、临舍标准化的实施管理工作。

组长：总经理

常务副组长：生产副总

副组长：三总师

组员：总部相关职能部门

2. 绿色施工实施推进小组

统一领导公司的绿色施工管理工作，认真贯彻落实公司绿色施工管理要求，研究决策公司绿色施工的重大问题。

组长：总工程师

组员：工程部、技术部、安全生态环境部、物资部、分子公司总经理、副总经理

职责：总结绿色施工经验，提出绿色施工管理的政策和措施；制定公司绿色施工计划，监督分子公司的绿色施工工作；督促、检查标准化管理小组决定的重大事项的贯彻落实情况，及时向标准化管理小组汇报有关绿色施工的信息和综合工作落实情况；组织、协调公司的绿色施工检查工作；指导和协调绿色施工科学技术推广。

（二）分子公司

成立分子公司总经理为组长，分公司总工程师、生产副总为副组长的绿色施工管理体系。

组长：总经理

副组长：总工程师、生产副总

组员：分公司相关职能部门

职责：落实集团公司绿色施工政策制度以及监督项目部绿色施工落实情况，并及时向集团绿色施工推进小组汇报工作情况以及施工过程中采用的新技术、新方法。

（三）项目部层面应依据集团公司以及分子公司绿色施工手册和绿色施工标准化推进办法

在进场时召开绿色施工标准化启动大会，对集团公司及分子公司的要求进行落实，并建立了绿色施工管理组织机构及制定相关制度办法，组建以项目经理为组长，总工、生产经理、商务经理为副组长的绿色施工领导小组，领导小组中设置七个小分组，即环境保护小组、节材管理小组、节能管理小组、节水管理小组、节地管理小组、绿色施工技术研究小组、绿色施工数据收集研究小组，分别按项目进行绿色施工的管理和实施。

具体分工如下。

项目经理：

项目经理是整个工程的总指挥，负责整个绿色施工管理方案的设计，是总的设计师，同时具有领导整个项目进行的职责任务。他是整个绿色施工的带头人。

项目总工：

协助项目经理做好环境与绿色施工的管理工作。主持绿色管理方案的编制工作。负责项目作业层环境与绿色施工管理培训的总体工作。组织技术管理人员进行绿色施工的评比工作、负责编制绿色施工管理制度与绿色施工实施措施、负责绿色施工管理体系在项目上的建立与运行工作、组织指导各职能部门的绿色施工管理工作、管理项目绿色施工管理不符合项、纠正与预防措施的制定工作及验证工作。

生产经理：

督促各个部门在施工过程中执行绿色施工方案，负责运行控制过程中不符合项整改与预防措施的实施，组织指导工程、安全、物资各部门的环境与绿色施工管理工作。

商务经理：

督促总会计师、财政总监合理制定施工预算和成本造价预算，按时发放薪酬，适当的时候补贴员工加班费，做好财务报表，并进行施工效益分析。

安全总监：

协助项目经理全面监督、落实绿色施工体系在项目上的建立、运行及记录负责项目危险源识别及评价，负责项目绿色施工目标、指标的落实工作。组织落实项目绿色施工管理的培训教育工作并记录。协助项目经理进行每月的项目绿色施工管理方案实施情况的监督检查、记录，并将检查结果反馈执行经理，对不符合项提出整改，并负责验证整改结果。组织落实项目绿色施工管理体系的审核工作，其他人员各自负责与自己相关的绿色施工项目。

通过集团公司、分子公司以及项目部三个层次的绿色施工管理体系建设，可以有主次地对绿色施工各个方面起到监督作用，从而保证绿色施工整体目标的达成，促进建筑施工企业的可持续发展。

三、绿色施工管理策划

总的来说，输入和输出是绿色施工管理策划重要的组成元素，输入部分包括整个绿色施工的计划方案和整个项目所需要投入的财力、物力以及人力，还有涉及整个项目的处罚管理条例；输出部分包括制定与项目相关的方案、措施、记录项目执行情况、监督项目执行进程等最终形成的文件。

与项目相关的法律的引导、行为准则的限制，对人力、财力、物力合理的管理制度，制定绿色施工管理的目标，实现保护环境的目的等这些属于绿色施工管理制度范畴。承担绿色施工管理的单位需要严格执行环境保护法中相关的法律法规，坚决做到不违法、不污染环境，做到节能、节电、节水以及节材。在人力方面需要定期对建筑工作人员培训，发放相关的安全守则，记录每次开会会议内容。现在是网络开放的时代，可以利用网络资源对相关工作人员宣讲最新的建筑科技技术。在做好环境安全等方面的措施后，需要确保项目资金的充分供应，以防项目不能按照规定的日期竣工。项目正式启动以后，承包商需要记录好每项消费资金的使用情况，适当建立相关文件以存档。在整个项目施工过程中，我们要在每一个细节上做到对环境的保护。在建筑技术方面需要做到与时俱进、善于创新。现在将建筑材料上善于发现开发新型的材料。

建筑施工本来就是一个复杂管理的活动，要实现绿色建筑施工更是充满了挑战，需要从根本上转变管理者的思想观念，接受新兴的建筑技术，此外管理者也需要转变管理策略。

如何实施绿色施工管理，这需要项目经理出台详细的方案，主要包括施工现场环境和室内环境的处理方案。需要每个施工工作人员严格执行节约环保工作，包括以下几方面的内容：

（1）要严格遵守有关环境的律例、法例。

（2）项目绿色施工治理方针。

（3）现场环境管理计划，室内环境管理计划，职工培训计划。

（4）需要指出的是：在现场环境管理计划中，主要包括如何处理现场固体废料，如何处理现场环境所产生的污水，如何保护当地的土质环境资源，避免污染土壤，如何管理现场卫生环境，如何确保现场工作人员的安全，如何避免重大安全事故的发生。在室内环境管理计划中，主要包括室内采光环境以及节能灯具的使用，隔音设施的规划，以及安防消防系统的安装，此外还有空气质量管理，装修材料的选取，需要选择环保材料。我国施工工程在原料的选取上有很大的上升空间，可以参照国外绿色建筑原料进行采购。此外，我们要培养建筑从业人员对绿色理念的思想觉悟，提高他们对先进技术的认可度。

四、绿色施工管理体系的实行

一个绿色建筑施工工程的顺利进行需要有完善的施工管理体系，详细可以表述为：把绿色施工中对资源使用标准及对人员分配的制度融入绿色施工管理体系，一方面按照标准执行工程工作，另一方面在管理过程中发现标准不适用于实践可以灵活调整。然后根据职能指定相应的负责人，项目经理是第一负责人，项目经理可以指定其他负责人，建立起职能网络，尽最大限度地完成管理目标，保证施工顺利进行。在施工开始之前，开发商准确定位施工的具体方向应该制定一个关于节省能耗的方案，并以此为方针拟定实行办法，包括办理轨制与鼓励轨制等。在项目启动过程中，绿色施工团队需要肩负监管责任，随时监督施工人员严格按照规定执行任务，完成目标。整个项目完成以后，绿色施工管理组织部门需要提供与项目相关的文件以及数据库，作为衡量其业绩的考核项。

（1）工程开工前应组织绿色施工图纸会审，或在设计图纸会审中增加绿色施工部分，从“四节一环保”的角度，在不影响质量、安全、进度等基本要求的前提下，对设计进行优化。

（2）建立绿色施工培训制度，并有实施记录。

（3）积极参加各项绿色施工培训，学习最新的绿色施工相关管理与技术。

（4）根据绿色施工相关方案及交底，对现场管理人员及工人进行交底，每道工序施工前有针对性地进行专项绿色施工培训，相关培训应有培训记录。

（5）对现场管理人员进行不定期地绿色施工知识测评，加强现场绿色施工观念。

（6）采集和保存过程管理资料，见证资料和自检评价记录等绿色施工资料。在评价过程中，采集反映绿色施工水平的典型图片或影像资料。

五、绿色施工管理的评价

（1）以目标值为依据，应结合各工程特点，对绿色施工的效果及采用的新工艺、新材料、新技术进行评估；

（2）邀请专家小组对绿色施工方案、实施过程和效果进行综合评价；

（3）每月组织总包项目部、建设单位、监理单位对本月绿色施工开展自评会议，针对本月的绿色施工进行自评，找差距，纠偏整改，完善提高，并留存自评记录。

六、人员安全与健康管理

（1）在施工方案中制定施工防尘、防毒、防辐射等职业危害的措施，保障施工人员的长期职业健康。

（2）根据实际场地合理布置施工现场，保障生活及办公区不受施工活动的有害影响。施工现场建立卫生急救、保健防疫制度，在安全事故和疾病疫情出现时提供及时救助。

（3）提供卫生、健康的工作与生活环境，加强对施工人员的住宿、膳食、饮用水等生活与环境卫生等管理，明显改善施工人员的生活条件。

七、人文、历史、环境下的绿色施工管理

众所周知，绿色建筑代表着人类的智慧，象征着生态文明。绿色施工管理体系也应体现其文明的本质。

绿色施工管理体系中的具体细则可以适当地与当地人文环境相联系，在管理中体现当地的人文文化。比如对于少数民族自治区的施工工程，其施工人员大多来自少数民族自治区，其生活习惯肯定与其他民族略有不同。比如，宁夏回族自治区的回族族民是不吃猪肉的，那么在饮食管理方面也应回避猪肉，尊重他们的风俗，体现工程管理组对员工的关怀。这样有利于管理其工作，提高施工效率。此外，新疆地区的部分人们信仰伊斯兰教，对其施工人员的管理也要在其信仰的基础上制定相应的准则，在不冒犯其信仰的基础上对他们进行管理。当然，也有铁路或公路施工过程中遇到珍稀树种或古墓，要及时上报上级单位或相关政府部门解决，采取保护措施施工甚至重新改设计绕行施工等。

在考虑施工人员的文化背景、历史环境的情况下制定详细的绿色施工管理体系，有利于传承人文精神，推广生态文明，升华绿色建筑的内涵。

实施绿色施工是可持续发展思想在工程施工阶段的应用，对促进建筑业可持续发展具有重要意义。绿色施工涉及与可持续发展密切相关的生态与环境保护、资源与能源利用、社会与经济发展问题，是绿色施工技术的综合应用。建立绿色施工管理体系应遵循一定的原则，如减少场地干扰、尊重基地环境、施工结合气候、节约资源、减少环境污染、实施科学管理、保证施工质量等。相信各种绿色施工管理体系在这些原则的指导下，在科学实践中不断完善，随着可持续发展战略的进一步实施，建立绿色管理体系必将会成为社会的必然选择。

第四节　绿色建筑项目管理体系建立

一、绿色技术优选架构搭建

我国绿色建筑发展虽已历时十余年，但大多数绿色建筑的运行能耗仍然居高不下，绿色建筑只是设计图纸上的绿色建筑，而非真正运营使用中的绿色建筑。绿色建筑的节能效果能否达到，绿色技术的选择尤为关键，将其定义为 3W 模式：

（1）What：哪种绿色技术最适宜哪类建筑，究竟如何选择一个适用的绿色技术；

（2）How：如何使用这个绿色技术，它的适用范围、使用特点以及费用增量等信息都是决定如何使用的关键因素；

（3）When：某项绿色技术应该在项目进行的哪个阶段进行选择、施工、启用、暂停、维护、更新等，这些对于该项技术能否顺利的采纳以及正常的使用并发挥节能作用有着重要的作用。

之前提到的很多绿色建筑，只有选用和设计绿色技术，但在绿色技术的施工时不把关，运行时不执行，导致该项技术无法真正体现出其价值和作用，有的甚至由于运营单位的能力不足导致直接弃用绿色技术，这是对设计单位、施工单位人力物力成本的极大浪费。

（一）绿色技术搜索模块架构设计

如何快速找到适合建筑方案的绿色技术，是绿色技术数据库中非常重要的一项。特别是对有一定经验的绿色建筑设计师来说，搜索模块固然是最直接有效的方式，它可根据设计师对绿色建筑技术的了解程度和不同需求进行搜索，内容和精确度也会有所区别，而绿色建筑技术或绿色建筑产品的检索，十分类似现有的购物网站的搜索方式。因此，绿色技术优选数据库架构中为用户提供两种搜索模式，分别为普通搜索模式和高级搜索模式，以适应不同使用人群。

1. 普通搜索模块

数据库的架构体系研究，从最基本的搜索功能入手。普通搜索的架构借鉴了与建筑关联较大的“筑龙网”“建材网”等，一般网站的普通搜索框架不仅包含一个搜索框，而是在搜索框的基础上，将网站所包含的信息进行分类，通过引导式的方式让用户选择需要的内容，并在用户选择一个区域后，会继续展示该类型下更为详细的包含产品。

现有框架不仅功能强大，基本涵盖了所有产品的关键词，且方便易用，用户可以很快地找到自己所需要的内容。产生这种效果，主要是将所有产品进行分类归纳的结果。

根据现有的框架，嵌入绿色技术优选数据库，首先将所有绿色技术进行分类，可以让设计师很方便快捷地从下拉菜单中找到所需的内容，通过引导的方式提高搜索的效率。

将该框架原理应用于此，形成最基本的普通搜索框架（此处以建筑外窗为例），将适用技术分成绿色技术、暖通空调技术、照明技术和可再生能源技术四大部分。不同类型的技术又可以根据建筑类型不同、地方规范要求不同、所处的地理位置不同等因素分为建筑类型、围护结构、城市三部分。建筑类型的基础上还有技术的特性，包括技术功能、如何使用、所处位置、建筑材质，最后得到所需产品。

2. 高级搜索模块

在普通搜索的基础上，架构中还设计了高级搜索模块来满足有一定绿色建筑设计背景的从业人员使用。高级搜索与普通搜索的主要差别在于，高级搜索可以更加精准地找到所需的内容，但同时输入的信息要更为细致准确。

根据参考相关网站中的高级搜索模块。绿色技术优选数据库的高级搜索功能依据建筑构件的部位与功能，在确定部位的基础上，可再细分为不同技术的详细要求。以建筑外窗为例，外窗的绿色技术要求主要包括构件的传热系数、玻璃的遮阳系数、建筑窗墙比、立面可开启面积、外窗气密性等。最终可以通过设置相关的内容要求进行搜索合适的外窗产品。通过这种方式，可以定义自己着重看重的绿色设计要点，得到的结果更能满足设计师的需求，提高设计质量与效率，搜索架构。

在框架的基础上，进行了高级搜索的架构设计。以窗体为例，用户可以根据不同绿色技术特性规定所选产品的特点。可以固定输入传热系数的要求，遮阳系数的要求（0.3 ~ 0.5），造价控制区间等。所列产品可以根据不同的要素进行排序，排序方式包括造价、使用数量、评价优劣、可耐久寿命或各种性能参数，使得结果更直观。

通过归纳分析研究，将技术分类按照建筑构件部位来确定，分为建筑门窗、楼板、遮阳、外墙、屋面五大部分，去掉原有的技术内容，统一归到下一层级中，使得架构层次逻辑更为清晰，同时减少选项可以提高使用效率，使得新用户更易接受。

以门窗为例，用遮阳系数、传热系数、隔声性能、气密性等有明确规定的参数作为搜索控制内容，同时可以搜索跟该技术相关的资料、产品、案例等，结合城市、类型、价格区间等作为限定条件，更为详细具体地搜索到所需要的技术内容。

在搜索设计的过程中，保证了框架设计中简洁的五大建筑构件分类，作为第一排标题栏，选择某个部件时，下方会列出绿色技术、节能规范标准中对该类建筑构件的要求。同样以门窗为例，可以手动输入遮阳系数、传热系数、隔声性能、气密性等数值型指标，同时可以根据所需要的数值精度选择模糊搜索还是精确搜索，满足各类使用人员的需要。同时可以像普通搜索一样输入关键词，提示相关关键词并排除某个容易混淆的关键词，帮助使用人员精准搜索。此外，还可以手动设置建筑所在地理位置、技术的成本价格增量控制以及不同的建筑类型来辅助筛选。搜索的目标可以是某类技术的资料、成熟的工业产品或典型使用案例。

（二）绿色技术资料查询模块架构设计

1. 气象参数查询

在绿色技术的选择过程中，气象资料的掌握至关重要。不同的气象条件所适用的绿色技术是截然不同的，因此对气象参数的掌握是绿色建筑设计的第一步。在最初的气象参数架构设计中，参考传统搜索网站的搜索路径，用户可通过建筑所在的城市选择获得对应的气象参数值，如温度、风速太阳辐射、最佳朝向、趋势图等，以便得到相应的气象参数。

通过文献的调查研究以及对部分设计师的访谈，发现设计师在绿色技术选择过程中对气象参数的要求详细，主要关注的内容包括地域、不同月份气象参数、地理环境、物理环境参数。设计出一个更有效的架构和网页设计，并提供按月份查询各气象参数的功能。

在城市地理位置选择后，二级菜单选择需要查询的气象参数模块，该模块细分为七大部分，基本涵盖了绿色建筑设计所需的气象数据，包括地理环境、风环境、日照辐射量、建筑最佳朝向、趋势、温湿度、土壤与植被参数。其中如温湿度、风速风向风温、日照辐射量，再按照不同时间方式，如全年平均、逐月、逐周、逐日等形式查询，最终可以形成该地区与节能绿色建筑设计相关的完整气象参数结果。

在气象参数查询的架构设计上，左侧为查询选择区，通过省份和城市的选择来确定筛选出某个地区的气象参数资料，通过下拉列表和横向菜单的形式展示。右侧为结果展示区，展示所需要显示的气象参数，通过内置气象资料与分析器，可以实时调取全年平均数据、逐月数据等进行对比分析。

2. 常用技术查询

绿色技术设计的流程中，在掌握了设计当地的气象条件后，就要针对该地区的气候找到适宜的绿色建筑技术。其中，不同的建筑类型对于适宜技术的选择也至关重要，关系着技术能不能更好地服务建筑。常用技术查询的架构设计可以参考传统搜索网站的搜索路径，用户可选择建筑所在的城市和所建的建筑类型，便可得到相应的技术措施。

建筑类型初步包括了七大种类，包括办公建筑、居住建筑、医疗建筑、学校建筑、商场建筑、体育馆建筑、酒店建筑。不同的建筑类型中，室内的功能不同导致了空间形式的不同，其使用的绿色建筑技术也是千差万别。通过不同建筑类型快速找到其适用的绿色建筑技术，是前期访谈中许多从业者提出其最需要的内容，可以让他们在设计的最初阶段就构建出绿色技术的整合策略，使得该策略可以贯穿建筑生命的全周期，而不是单纯的后期附加，使得绿色技术的完成度更有保障。

为了使绿色技术优选数据库的架构设计更符合设计师的使用需求，在前期访谈时，针对绿色建筑设计所关注的内容进行了调查。关注内容分为四个选项，包括绿色建筑技术、绿色建筑标准、成本增量、性能模拟结果。通过调查研究结果分析，发现绿色建筑技术部分是设计中最重要的关注点，设计师和开发商在选择一种技术时更想要知道该项技术是怎样运用在实际的项目中的，并希望得到该项技术更丰富的数据，以及两种技术的比选。

在此基础上，首先，从业人员会关注国家绿色建筑标准中规定的相关条款，着重选择能够满足国家绿色建筑要求的绿色技术；其次，从业人员特别是开发商更注重绿色建筑成本增量的问题，希望选择可以达到相同效果且产品增量最少的技术措施；最后是绿色建筑技术模拟结果。调查中发现并不是所有绿色建筑设计或某项绿色技术选择的过程中都会进行建筑性能模拟，而且模拟的数量种类也有限，模拟结果一般都无法涵盖建筑能耗、采光、通风、照明等全方位，主要原因是工作量较大成本较高，因此只有一些重大项目会有专门的绿色建筑咨询团队进行该项目的模拟操作。

与最初框架相似，此处也是采用所处的城市地理位置以及建筑类型来定位适用该类建筑类型与气象条件的绿色技术，但是建筑类型更加细分，不局限于初级架构中的七种建筑类型，同时增加了博物馆、展览馆、音乐厅等更为细分的建筑类型。这些文化类建筑类型，其中会有重要的专项技术，如专项照明技术、声学降噪技术、声学音质技术等。在技术的子菜单中，详细增加了多项对技术的评价内容，其中包括技术简介、技术优势、适用条件、技术参数、存在问题与使用过此技术的工程案例，为工程师、设计师在选用技术时作为参考对比。此外，在城市与建筑类型的菜单下，还增加了该技术的案例模块，也可以通过完整的案例来参考该项技术对整体建筑带来的作用。

同时，所提供的技术都是从绿色建筑标准中国要求的四节—环保中分析汇总出来的，可以有效提高建筑的节能低碳性能。同时，每种技术至少要有一个实际使用案例以供设计师查看，通过实际运用的情况，设计师可根据自己项目的情况更为便捷地进行选择。

3. 标准规范查询

为贯彻我国节能节约的技术经济政策，规范绿色建筑的评价，推进全社会的可持续发展，推出了绿色建筑评价标准 GB/T50378。绿色建筑标准至今已经有两版，第一版为 GB/T50378—2006，这是我国正式出台的第一部绿色建筑评价的标准。该标准的面世代表了我国打开了绿色建筑领域发展的大门，是历史的一个里程碑式的标准。该标准以打钩的方式，确定绿色建筑所采用的绿色技术，并以此来评判绿色建筑的等级（一星—三星为绿色建筑，三星为最高等级）。此后，该标准由中国建筑科学研究院和上海市建筑科学研究院会同有关单位在 2006 的版本基础上修订了 2014 新版。新版绿色建筑评价标准从 2015 年 1 月 1 日正式实施。新版的标准与旧版的标准相比：一是在适用的建筑类型上有所扩展，从原有的住宅建筑和公共建筑中的办公建筑、商场建筑等扩展到各类的民用建筑。二是绿色建筑评价细分为绿色建筑设计评价和运行评价两大类，让设计师更注重运行评价，仅仅是设计评价中的绿色建筑并不是真正的绿色建筑。三是在原有的绿色建筑评价标准的四节一环保（节地、节能、节水、节材与环境保护）的基础之上，增加了“施工管理”评价指标，从侧面说明了绿色建筑正在向建筑全寿命周期的绿色建筑前进，从设计绿色评价到施工绿色评价，再到最终的运行绿色评价，这其中的关键是需要有好的绿色项目管理来实现。四是绿色建筑评价方法的调整，这是新版标准与旧版打钩式的评价标准最大的区别，新版的标准以评分的方式进行，针对某项评价指标进行打分，按照完成程度分几档分值，并最终与所有评价分数的总和确定绿色建筑等级。新版规范评分的方式更能细致规范要求绿色技术的完成程度，而推翻了之前只管是否使用不管效果，绿色技术无论优劣一概而论的局面。五是设置加分项，鼓励绿色技术、绿色项目管理的创新与提高。总体来说，新版标准汲取了我国绿色建筑发展近十年来的经验，避免了原有标准中的漏洞与瑕疵，更加强调绿色建筑的全寿命周期的绿色，而不是仅仅落在图上的绿色建筑设计评价，更加注重绿色施工、绿色运营，将绿色建筑的性能落到实处。

绿色建筑设计中，不仅要参考绿色建筑评价标准，还有一系列的相关标准。因此，在最初的评价标准的架构设计中，将评价标准分为四部分内容，即基本规范、绿色建筑规范、分项规范、行业相关规范等。

随着多方交流与设计的深入，在原有的架构基础上，逐渐丰富了架构的内容。最终架构中，第一部分的基本规范中包括建筑节能规范、场地规划要求、建筑光环境、声环境等基本建筑规范。这些规范中有些条款是强制条文，在建筑设计中必须达到。只有满足这些基础要求，才能达到绿色建筑的更高要求。第二部分是有关绿色建筑规范，绿色建筑规范按照地区来分类可以分为国家标准和地方标准。第三部分的分项规范类中一般是国家推荐标准（GB/T），可针对建筑中的一些构件，详细规定其做法、性能参数等，主要针对的建筑部件包含屋面做法、门窗规范、建筑外墙、建筑遮阳构件等分项。通过调查研究，发现设计师和开发商相比行业相关规范更需要设计流程中的关于绿色建筑和节能的规范，所以构架第四部分增加了绿色建筑专篇。该部分是绿色建筑星级评价中必须进行的一部分，是设计师非常关注的一部分。标准规范查询模块分为四个分项：建筑设计基本规范、绿色建筑设计规范、分项规范以及行业相关规范。分项规范以门窗规范为例，包括门窗的分类及适用、门窗技术性能、外窗可开启面积、气密性水密性等参数的规范要求。通过分项规范，选中某一类建筑部件，可以查询与其相关的规范规定，使得规范查询更具针对性。

4. 项目案例查询

绿色技术资料查询的模块中，最重要的一部分就是项目案例的查询。如何使用某项技术，或者某项技术在其他项目中表现出的性能，都是设计师选取绿色技术参考的关键。通过调查研究，发现案例应该覆盖于数据库的多方面，比如用户可共享自己的案例，以便案例地不断更新。在技术和产品介绍中也应有案例的内容，便有了项目案例查询的初步架构。项目案例目录下，分为三个子项：绿色建筑案例、新产品新技术案例、应用案例。希望通过不同种类的案例帮助设计师快速选择适用的绿色建筑技术。

根据访谈结果，简单的技术案例分类不足以满足从业人员的要求。接近半数的人希望有中外多方面的绿色建筑案例，然后是按照星级划分或等级划分的案例，从其技术选用清单中找到适合自己的技术组合与配比。将建筑案例的最初框架进行修改，加入了从业人员更加关注的信息，形成项目案例查询最终框架。项目案例查询最终架构共包括四个板块，分别为项目案例、案例共享、常用技术中涉及的工程案例、产品介绍中涉及的工程案例。项目案例的主要架构分为六部分，涵盖了项目中涉及的建筑区位气候、建筑特点、技术应用、分析图等，涵盖了技术的性能参数与运行效果，方便设计师准确选用绿色建筑技术。区域的地理条件不同，气候条件不同，所适用的绿色技术截然不同。不同建筑类型不同的建筑特点对于绿色技术也有很大的限制。选定某项技术后，还应根据技术的特点和应用的情况综合考虑，必要时还应对某项技术的性能进行仿真模拟，如能耗模拟、通风模拟、照明采光模拟等，根据模拟的分析图确定使用技术的种类和规模。此外还设立了案例共享模块，让设计师在进行自己设计的过程中，上传自己已经完成的采用了相关技术的绿色建筑案例，能够通过用户来不断更新技术资料库，保持资料库内容的更新完善。

（三）绿色材料查询模块架构设计

绿色建筑优选数据库所面向的使用人群不仅包括设计师，也针对开发商的技术人员。走访的过程中，笔者发现开发商往往对产品的选择无法很好判断，难以找到专业认证、性价比高的产品。针对这种情况，在技术优选数据库中还应该包含绿色材料的查询模块。数据库可以根据建筑规范的要求，提供可靠商家的节能产品，并详细介绍产品的性能和所适用的条件，方便设计师和开发商技术人员选用，达到更好的建筑性能。绿色建筑产品可以通过不同的绿色建筑星级要求来筛选，也可以通过不同地区的气候条件来筛选。该构架会随机展示一些新技术产品与热门产品，产品内容涵盖遮阳板、门窗、保温板、声学吸声板等。用户可以根据自己的需求进行搜索和分类查看相关内容。

1. 材料产品分级

根据绿色建筑规范和走访建材行业专家得到的建议，绿色材料产品查询的架构中应该包含不同城市、建筑类型、建筑构件各自推广、限制、禁止的产品。由于绿色材料发展更新换代较快，新材料也在不断地出现，原来的材料性能也在不断地提升，因此，针对该类建筑材料的特殊性，建筑材料行业协会对建筑构件按年推出构件推广、限制以及禁止的产品列表，并标明其性能参数，方便相关从业人员查看，更新最新的绿色建筑材料内容。

建筑构件推荐产品一般为完全符合国家节能等相关规范要求的性能参数的产品，限制使用的绿色材料或产品属于规范中规定使用是受某些条件限制的产品，禁止类的产品一般是不满足新发布的国家节能规范、绿色建筑标准或相关的单项技术规范中明文规定的性能要求。体系架构中可以选择技术适用的地区、建筑类型和类别，通过限定区位气象条件、建筑类型，找到该类气候区该类建筑类型的建筑节能设计规范，挑选出“门窗”类别下推广使用、限制使用和禁止使用的材料产品。另外，可以通过标签来切换三类产品的显示。

由体系架构设计可以看到，以推广材料为例，一级菜单包括五个数据，分别为材料类别、技术和产品名称、执行标准、适用范围以及选择依据。技术和产品类别中会简单介绍该类技术或者产品的主要功能和具体的性能指标，执行标准是表明该类技术和产品在哪类建筑规范中因满足规范条件而成为推广使用的产品，同时有该类技术材料产品的使用范围位置以及设计依据。通过详细的产品介绍并与执行的节能绿色建筑标准相关联，方便设计师在确定绿色建筑方案时有迹可循。

而限制、禁止使用的材料除上述的子项信息外，该绿色材料查询模块架构设计中将限制、禁止使用的原因，限制使用的范围以及依据等列出。通过列出相关要求的条文规范，让使用者能够快速反馈问题信息，调整建筑绿色材料的使用量，迅速做出调整。

2. 材料产品分类

在绿色材料查询模块中，开发商和建筑师通过分类查询可找到通过认证的高性价比节能产品。产品分类架构以节能窗为例，查询可以通过不同材质、功能、开启方式、位置的菜单选择，产品材料库会以产品简介的方式出现，使用者也可以根据自己的需求，直接找到对应的产品信息。

查询根据不同的窗型进行分类，如塑料窗、铝合金窗、玻璃钢窗、实木窗、不锈钢窗等现在较为常见的窗型；或根据不同窗型的功能特点进行分类，如选择隔声窗、高防火性能窗、具有导风功能的通风窗、高保温性能外窗等；也可以通过安装窗的位置来选择，包括天窗、侧窗等；还可以通过外窗的开启方式来选择，如较常见的平开窗、上下（中）悬窗、射窗或推拉窗等。

在产品确定后，可以进一步查询其简单的参数介绍，例如产品规格参数，包括外框结构深度、外窗型材厚度、玻璃种类与规格以及五金连接件等，以便进一步详细对比，并选择与建筑方案适配的建筑技术与产品。

3. 材料产品介绍

产品详细介绍的架构设计包括产品的外观规格、价格走势、适用范围、性能指标、达标情况、施工安装、工程案例。在产品介绍页面下，用户可以根据适用范围、项目所处气候区及建筑类型所需要的产品或材料；性能指标内含有产品详细的性能参数，指标的项目涵盖了与建筑耐久性、建筑节能与绿色建筑相关的全部参数。同时，将与所选建筑材料相关的绿色建筑相关评价标准指标与产品进行匹配，可以并以此作为选择依据，准确选择所需的产品类型。该材料查询模块中的达标情况可以直接链接到绿色技术资料查询中的标准规范查询内容中，利用分项规范让使用者可以做出更为符合绿色建筑定位的产品与材料。

同时在规范标准中，相关的施工要点对于绿色技术的选择也是非常重要的考量内容。在选择产品和材料时，若对施工难度、施工技巧、施工时长有宏观的把握，可以辅助产品或材料的选择。

最终，利用工程案例来指导绿色技术的选择，通过查询已建成的实际工程案例，查看产品或者材料的真实使用外观效果、使用评价与现存问题。

4. 材料产品对比

产品通过分级分类的筛选后，会出现一批符合筛选要求的材料或产品，此时产品的对比功能变得非常高效。用户可选择多个符合规范和设计思路要求的产品，进行性能对比，数据库会给出各项参数的对比列表，供用户进行选择。在产品的介绍页面中，右下角具有对比功能、收藏功能。可以通过对比功能，将某个产品加入对比列表，直观对比两种产品或材料的具体参数值。

体系架构中产品可以对比的参数涵盖了材质、颜色、玻璃种类、产品性能参数，性能参数又包含了如传热系数、抗风压系数、空气渗透性能、空气隔声性能、水密性能、遮阳系数、寿命造价等参数。以上这些性能参数均是材料在绿色建筑设计中所要考虑影响因素，对于绿色技术的优选至关重要。绿色技术优选数据库是针对绿色建筑设计中，选用何种（What）绿色建筑技术，以及如何使用（How）该项技术两个重要环节设立的，这部分是全流程绿色项目管理的重中之重。本节针对绿色技术优选数据库架构进行研究，将整体数据库架构分为绿色技术搜索模块、绿色技术资料查询模块、绿色技术材料查询模块三大部分。

绿色技术搜索模块按照搜索引擎案例，设普通搜索模块与高级搜索模块两大部分。绿色技术资料查询是绿色技术优选的基础，是保证技术优选的前提。因此，绿色技术资料查询包含了绿色建筑设计的各方面，从气象资料入手，确定项目当地的气候条件，并按照地区与建筑类型查询适用的技术列表，并根据国家现有节能及绿色建筑评价标准，选择合适的技术整合策略，并在最终的项目案例中，根据不同星级的绿色建筑案例，综合考虑参考技术的成本增量与技术效果，保证技术优选的合理性。

通过该绿色建筑优选数据库的架构设计，后期将其中的内容进行补充并以网页或软件的形式呈现，相信对设计师及相关人员绿色技术的优选可以提供有效辅助。

二、绿色建筑项目管理体系建立

（一）方案阶段绿色技术选用流程

前期方案阶段是建筑整体的策划和起草的第一步，也是绿色技术能够介入的最佳时间。但在常见的设计流程中，建筑设计的方案阶段是完全没有绿色建筑的策划与思考的，这就导致了大量绿色技术都是后加的，与原有的设计格格不入，导致最终并不能够达到设计的节能效果；且没有前期的策划预想，完全靠后期加入的绿色技术，其成本造价也会大幅增加。因此，在全流程绿色建筑项目管理中，必须避免传统项目管理中该部分的缺失，在建筑设计的前期方案阶段就要进行绿色技术的目标设定、气象参数的查询、技术策略的制定以及体形系数的控制。在前期做好绿色技术的策划，为绿色技术的实施预留空间，才能保证在初步设计阶段和施工图设计阶段完成最初的设计构想，达到预期的设计目标与效果。

1. 设计场地气象地理条件确定

气象条件决定了节能建筑的一切特性，所以绿色建筑设计开始第一步就是确定项目所在地的气象条件，包括当地全年温湿度、太阳辐射量、风环境、最佳朝向、土壤与植被条件等。确定全年温湿度可以确定整体的节能原则，所处的热工分区，着重考虑冬季保温还是夏季防热或是自然通风防潮等；太阳辐射量、风环境、土壤条件等都是可以作为可再生能源的介质，是否拥有丰富的太阳能资源、风能资源、土壤地热资源等都可以为后续建筑技术策略的选择与建筑节能设计目标的设定奠定基础。

2. 绿色建筑设计目标设定

绿色建筑设计在最初的方案阶段就需要设定绿色建筑目标，针对不同的目标，组合不同的技术策略，让设计师在设计的最初阶段建立起整体的绿色设计目标和整体架构，对绿色建筑最终的完成情况至关重要。以设定三星绿色建筑为设计目标，可以根据前期场地和气象的参数条件，预先建立绿色技术清单。可以看到该项目拟采用地源热泵、热回收装置、雨水回收系统、屋顶绿化、太阳能热水系统、活动外遮阳系统，等等。提到的这些绿色建筑技术都是和建筑本体设计息息相关的，一旦在前期确定拟采用的绿色技术，在方案设计阶段就可以布置出地源泵房、预留空调热回收机房、场地设计中设立景观水池以及透水铺地、屋面集成屋顶绿化与光热太阳能系统、外立面确定可活动遮阳形式，等等。所有的预先工作都会改变原有的方案设计，在最初阶段就可以将绿色技术融入建筑设计之中。

3. 绿色技术策略制定

如何实现上一节中提出的绿色建筑设计的目标，就需要在方案阶段实行绿色技术策略的制定。制定绿色技术策略需要了解技术的几大内容，包括一些技术的简介、优势、适用条件、技术参数以及相关的工程案例。特别是对该项目尤为重要的战略目标性的技术策略，还需要详细查询该技术的功能性表现以及现存的问题。一旦确定了某项技术作为主要的节能技术策略，后期如果进行更改会导致较为严重的后果，涉及相关的技术都需要进行调整。因此，在设计的初级阶段对于主要的绿色技术进行详细的分析比对是非常有必要的。以光电太阳能技术为例，首先是针对技术找到一些介绍，并收集一些该技术的图片，让使用者对于该技术有个直观的印象；其次是针对该类技术的技术优势进行查询，并逐条总结，方便与其相似的可替代技术进行对比；再次是总结技术的适用条件，哪些建筑类型、地域适合使用该类技术，以及项目所在区域中该类技术的现存量和适用情况；最后就是对已经使用该类技术的工程案例和在其使用过程中现存的问题进行总结，借鉴成功案例的经验，避免现存的问题。

4. 建筑体型控制

之前方案阶段所关注的各个步骤中，多数都是针对主动技术而言的，而从空间设计方面考虑的绿色建筑设计却十分有限。因此，在方案的初级阶段需要控制建筑的体形系数，总体把握建筑外围护结构的面积，特别是热工分区在严寒、寒冷地区的新建建筑，在最初的设计阶段控制好建筑的体形系数，对于后期达到绿色建筑的要求有着决定性的作用。

（二）初步设计阶段适用绿色技术

初步设计阶段中，方案阶段的设计会被进一步深化，原有的意象性效果图都会落到平面图、立面图、剖面图上，建筑所用的围护结构等参数也会进一步确定。在这一阶段，方案基本成形，一旦成形的方案生成，后期改变方案需要走变更程序非常复杂，因此在这一阶段必须完成设计阶段的重要绿色技术设定其中主要的步骤包括：建筑性能模拟优化、建筑热工性能设定、最终技术方案设定、成本增量概算。

1. 建筑仿真模拟优化介入

从 20 世纪 70 年代第一次能源危机开始，建筑仿真模拟就被许多发达国家投入大量经费进行开发，并逐步开发出多个建筑能耗模拟预测和优化软件。目前，能耗模拟仍然是预测建筑节能效果最有效的技术措施，在各国的建筑节能设计导则或规范中，都要求设计者必须进行动态模拟预测与优化，包括我国新版规范中也提及了能耗模拟的相关内容。到目前为止，建筑模拟仿真技术通过 40 多年的不断发展，已经在建筑环境各个领域得到了广泛的应用。研究中，我们将建筑性能模拟进行专项分类，可分为建筑能耗模拟和建筑物理环境模拟。从中细分为八个模拟专项，建筑能耗模拟分为制冷能耗模拟、采暖能耗模拟、照明能耗模拟、通风能耗；建筑物理环境参数模拟包括建筑风环境模拟、建筑光环境模拟、建筑热环境模拟以及建筑室内及场地声环境模拟。

通过建筑能耗模拟与建筑物理环境的各项模拟，分析模拟结果，根据存在问题调整设计方案，从而达到利用仿真模拟工具降低建筑能耗，优化建筑声、光、热、风等物理环境。

2. 热工性能梳理

建筑围护结构的热工性能对于建筑能耗至关重要，我国针对围护结构外墙、外窗、屋面等重要围护结构构件都设置了相应的热工性能要求。因此，在初步设计阶段，应着重关注建筑围护结构的热工性能梳理。在不同热工分区下，国家建筑节能设计标准中规定了不同建筑构件的热工属性。北方寒冷及严寒地区关注建筑围护结构的传热系数，防止建筑与外界换热，散失大量热量；相反南方夏热冬暖地区，则是规定了建筑的热惰性参数，防止建筑围护结构快速受外界温度影响，同时关注透明围护结构的太阳得热系数，防止过多热量由外窗进入室内。以建筑门窗为例，其保温性能中规定了建筑屋面、外墙、架空地面、外窗、天窗等部位的热工要求，通过体型系数不同，将不透明围护结构分为两大类；通过体型系数和窗墙面积比，将透明围护结构分为八类。

由此还可以看出，影响建筑不透明围护结构热工性能指标来自建筑体型系数，而不透明围护结构的热工性能与建筑体型系数、窗墙比有较大关系。同时，窗墙比也会影响透明围护结构的遮阳系数（SC）。

3. 绿色技术方案整合

在初步设计阶段，要形成确定且完整的绿色技术方案整合，该整合是在方案阶段中绿色技术策略制定的基础上进行的深化。沿用上一节中的绿色建筑设计技术清单，在绿色技术方案整合模块中，用户可以利用系统选取拟采纳的技术，在形成所用的技术清单后，数据库会预判出该技术清单所对应的绿色建筑星级标准，若不能达到预期星级，还可返回进行修改。

可以看到体系架构中可选择建筑项目所在的城市、建筑类型、建筑规模；在选定了三项基本参数后，可以在技术方案的体系架构中显示适用于该类地区气候条件、建筑类型的技术列表。但需注意，这里的技术列表是单纯符合筛选条件，是否真正适合某个项目还需设计师进入技术的详细介绍界面进行了解。在备选技术列表中将拟利用的绿色技术加入右侧的技术清单中，形成拟使用的技术清单，并点击预评星级，根据当前情况可以按照绿色建筑评价标准进行技术分数计算，并通过加分总和预判出绿色建筑的等级。

预评星级按照绿色建筑评价标准要求，通过四节一环保及运营管理六项进行评分，每一项按照达标与不达标给出所得分指数，并按照重要性比重，通过加权值计算最终总分，并预判出星级，但这里给出的星级只是根据技术清单简单核算，具有一定的不准确性。如果预评的星级与绿色建筑设计所制定的目标不一致，可以在此基础上返回技术清单，修改原有的绿色技术方案，并重新进行预评星级，直至调整到与绿色建筑设计所制定的目标一致。

4. 绿色建筑成本增量

绿色建筑增量成本的定义为：建设项目按照《绿色建筑评价标准》GB/T50378 设计并以星级绿色建筑为目标，在项目建设实施的过程中所导致的成本增加额。

基于以上定义方法，我国的绿色建筑增量成本包括绿色建筑咨询成本、认证成本和绿色建筑技术增量成本，本节中涉及的绿色建筑成本增量估算仅限于绿色建筑技术措施产生的增量成本。该部分的增量成本是最主要也是所占份额最大的一部分，是开发商等投资方最关心的问题。针对这一类的用户需求，其最关心的内容就是技术的选择与成本增量的控制，如何使用技术组合的方式达到最好的技术效用而产生最低的成本增量，是重中之重。因此针对建筑全流程的成本控制，特别设计了关于技术清单的列表设计以及预评星级、成本增量的估算与概算等内容。该体系架构设计中，成本增量估算页面中展示了绿色技术的示意图片，并需要用户自行填写所使用该项技术的应用量，例如太阳能热水系统或外遮阳系统的使用面积或使用数量；再根据系统内设置的每项技术的单平方米造价进行计算，最终可以得到绿色技术产品使用的总面积、总数量以及总造价，方便设计师或者房地产开发商在综合考虑造价与绿色建筑效果的基础上，确定最终的绿色技术使用方案。

此外，用户还可以共享自己的材料技术清单，以及其成本增量清单；同时可以查看其他人的绿色技术组合清单以及造价单。在不断地学习借鉴的过程中，更加熟练地掌握挑选高效低成本的技术与最优的技术组合。

（三）施工图阶段适用绿色技术

施工图阶段是建筑设计的出图阶段，其中包括针对初步设计方案的深化，以及施工图绘制等，主要包括总平面建筑退线、停车场、消防通道等深化，平面中防火分区、人防分区、建筑结构体系布置、建筑轴号、开间层高尺寸、房间使用功能，建筑门窗洞口尺寸、门窗材料确定、交通流线、楼梯大样等，建筑隔墙、洞口位置、管沟排水、各专业预留孔洞等一系列的复杂工作，还要设计师与结构、水、暖、电等各专业工程师之间相互配合。在绿色建筑项目管理的过程中，该阶段主要关注需要完成两个专篇的撰写，包括绿色建筑专篇与节能计算专篇。

1. 绿色建筑设计专篇

为进一步提高我国绿色建筑设计水平，规范绿色建筑设计标准，加快推动绿色建筑发展，现要求由政府投资或以政府投资为主的机关办公建筑、公益性建筑（学校、医院、博物馆、科技馆、体育馆等）、保障性住房，以及单体建筑面积超过 2 万平方米的大型公共建筑（如机场、车站、宾馆、饭店、商场、写字楼等），10 万平方米以上的住宅小区，全面执行绿色建筑标准，且设计文件必须达到一星级绿色建筑设计标准，在报送施工图审查机构进行审查时，必须含有一星级绿色建筑设计专篇。因此，强制性的绿色建筑设计专篇是我国政府大力推动绿色建筑的重要举措。绿色建筑专篇中主要包含：设计依据、绿色建筑目标、工程概况、场地与室外环境规划设计技术措施、建筑设计与室内环境技术措施（结构设计、给水排水设计、暖通空调设计、电气设计），以及绿色施工技术措施。体系架构设计中，左侧为需要主要关注的三大部分，分别为规划设计阶段、建筑设计阶段以及绿色施工阶段部分，右侧说明包括必须说明及自选说明两部分内容。

针对规划设计技术措施的阐述，必须说明的内容包括场地保护措施、场地内危险源避让措施，以及避免光污染措施等。自选说明内容包括了区域声环境、风环境、屋面与垂直绿化、地下空间利用等部分，涵盖了绿色建筑节地节能节水节材环境保护的理念，保证在规划设计时对绿色建筑的统一把控。针对建筑设计技术措施的阐述，必须说明的内容主要是建筑节能设计的要点，包括：窗墙面积比控制、外墙屋顶的保温隔热措施、外遮阳的选择以及透明围护结构材质选择，等等。自选说明内容包括了透明围护结构的开启方式与比例、外窗幕墙构件的气密性等级、室内布局对建筑通风的影响以及对声环境的影响、建筑材料的选择依据。该部分详细包括了建筑设计中的空间布置与材料选择对绿色建筑的影响，通过绿色建筑设计专篇的详细说明，总结分析建筑设计阶段对绿色建筑的考虑与整体把握。

针对绿色施工技术措施的阐述，主要包括的内容分为三大类：绿色施工对环境影响的控制、对废弃物的管理以及对室内空气质量的管理。绿色施工要求，施工过程中必须对周围环境进行保护，前有计划后有自评报告；对废弃物要做好管理计划，对可再利用材料、可循环材料都应回收；同时需对室内空气品质管理做好计划。

2. 节能设计专篇

按照国家发展改革委员会的相关规定，建筑面积在2万平方米以上的公共建筑项目、建筑面积在20万平方米以上的居住建筑项目以及其他年耗能2000吨标准煤以上的项目，项目建设方都必须出具节能专篇，作为项目节能评估和审查中的重要环节。项目立项必须取得节能审查批准意见后，项目方可立项。因此，对建设规模超过规定要求的项目节能专篇是必须环节。该项举措是我国针对建筑节能提出的基本要求，起到了积极推动节能建筑发展的作用。建筑节能计算专篇的主要内容包括项目的概况（项目名称、建设地点、项目性质、项目类型、建设规模、建设工期等内容）、建设方案的介绍（总平面布局、建筑结构水暖电等各专业）、项目周边环境介绍（供水电气热的条件）、地能源供应条件（建筑耗能情况，是否有可再生能源如太阳能、风能、地热资源等可利用等）。

此外，针对建筑用能特点、消耗能源种类与数量、各个分项能耗的用能结构等，分析该项目中耗能的来源、每平方米全年能耗值以及节能潜力等。

节能专篇中还有一项最重要的内容就是分析项目节能措施及效果。内容应包括节能措施介绍（拟采用的节能措施，是否运用节能绿色技术的通风与空调节能工程或节能新产品新材料等）、相关专业节能措施（对建筑结构水电暖等专业提出相应的节能措施，其中应着重介绍建筑材料及围护结构的节能工程，包括建筑外墙、屋面、地面等节能工程）、可再生能源的利用和分析（适用条件与应用案例分析）、节能效果分析（使用节能技术的节能效率，与国家规定的基准能耗值进行对比）。

以居住建筑为例，在编写节能专篇的过程中，需要对建筑物耗热量指标、热工性能进行判断，并对建筑空调系统的节能情况进行判定。体系架构设计时列出了相关的计算表与判定表，帮助用户快速下载。

（四）二次设计阶段适用绿色技术

建筑二次设计是在建筑施工图设计之后的补充设计。一般来说可以分为以下几项内容：建筑景观设计、建筑照明设计、建筑幕墙设计、室内装修设计。这些设计内容，是在原本设计基础上更为精细的专项设计，能够提升整体的设计水平并对前期设计中的缺陷进行查漏补缺。因此，在施工图设计后进行建筑二次设计是非常必要的，也是绿色建筑项目管理中很重要的一步。传统的设计流程中二次设计有时是被忽视的，不会单独作为设计流程的一步，但往往设计过程非常复杂且种类繁多，很多不完善的地方在施工图之后的设计流程就缺失了，没有了系统的架构，导致完全成了打补丁的形式，哪里有问题哪里有需求才做二次设计。为了改变这种现状，在绿色项目管理中将二次设计单独列出，并根据二次设计的内容逐一进行。

1. 景观设计绿色技术

随着人民生活水平的不断提高，人们对于生活的环境要求越来越高，因此景观设计也越来越受到设计师和使用者的重视。优秀的景观设计师可以使建筑与自然环境完美地融合在一起，减少建筑对生态的破坏，建立人、建筑与自然环境的有机融合。因此，绿色建筑中的景观设计也是设计的重点。本节在二次设计的景观设计体系架构中列出了绿色建筑评价标准中针对景观设计的条文，其中包括控制项和评分项两大类。在景观设计中，控制项要求，设计应制定节水的方案，综合利用水资源防止浪费，同时要求给排水系统设置合理。

此外，可以挑选感兴趣的选项，进行详情查看，可以为用户提供该项目的详细条文说明。将绿色建筑评价标准中景观设计的内容进行梳理，方便设计师快速反馈，进行合理的绿色建筑景观设计。

2. 照明设计绿色技术

绿色建筑中照明能耗部分，也是建筑整体能耗组成中的重要一环，能占到总能耗的 15% ~ 20%。由于许多公共建筑都有高大空间，过高的层高导致灯具的亮度在垂直方向上有较大的衰减，因此只能选择大功率的灯具，导致照明能耗较大。因此，针对照明的专项设计在绿色建筑设计过程中是十分必要的。影响照明能耗的原因主要是分为两大部分，一部分是照明的功率密度，另一部分是照明的控制方式，即有无自动控制启闭装置。建筑照明设计规范 GB50034 中规定了不同功能房间的照明功率密度限值，是对照明节能的控制强制性条文。绿色建筑评价标准中也有关于照明设计的条款，其中包含控制项与评分项，控制项中规定了室外照明应避免光污染的形成。评分项中，针对采光照明的均匀度以及控制眩光等技术进行了评分，并推荐使用节能照明产品与技术。例如，LED 灯具以及节能自动启闭开关等。

3. 幕墙设计绿色技术

建筑幕墙是现代建筑中常用的立面构造，也是作为透明围护结构中耗能最大的一部分，因此在建筑整体能耗组成中也非常重要。由于许多高层办公建筑都会采用玻璃幕墙的形式，而幕墙的可开启扇面积、开启扇气密性、幕墙太阳得热系数、传热系数等都是对建筑围护结构热工性能的重要影响因素，从而也会对建筑能耗产生巨大影响。因此，幕墙的设计是否合理，是一个绿色建筑项目能否真正达到绿色建筑非常重要的一步。绿色建筑评价标准中也有关于幕墙设计的条款，其中包含控制项与评分项，控制项中规定了幕墙设计中可开启扇面积与气密性应达到规范中的规定。评分项中，针对可开启扇的比例进行了详细的规定，按照不同比例有不同的加分等级，鼓励玻璃幕墙可开启扇面积不低于 20%，以保证过渡季节的自然通风条件。

4. 室内设计绿色技术

随着社会的发展与人民生活水平的不断提高，人们对于居住环境的要求也越来越高，特别是针对室内环境，要求环保舒适美观，因此针对室内装修的绿色技术有很大的需求。室内装修最重要的就是装修材料的选择，环保的装修材料才能保证室内环境的安全性。通过某些措施可以实时监控室内空气质量，避免装修产生的甲醛等有害气体危害使用者健康，这是最重要也是必须满足的基本条件。此外，针对装修材料，绿色建筑评价标准中强调建筑材料的本土化、可再生化、耐久性和易维护性。绿色建筑评价标准中，针对室内装修设计也有控制项与评分项两类。

（五）绿色施工及运营维护管理中的绿色技术

2007 年我国建设部发布的《绿色施工导则》，其中定义绿色施工为：工程建设中，在保证质量、安全等基本要求的前提下，通过科学管理和技术进步，最大限度地节约资源与减少对环境负面影响的施工活动，实现四节—环保（节能、节地、节水、节材和环境保护）。绿色施工作为绿色建筑项目管理全周期中的一个重要阶段，是实现绿色建筑节能目标与效果的重中之重。

绿色施工是一个整体的系统，其中主要包括过程组织、准备、运行、维修和环境保护的后处理等。实施绿色施工，应进行总体方案优化。在规划、设计阶段，应充分考虑绿色施工的总体要求，为绿色施工提供基础条件。实施绿色施工，应对施工策划、材料采购、现场施工、工程验收等各阶段进行控制，加强对整个施工过程的管理和监督。

1. 绿色施工管理

绿色施工管理是绿色施工中的重要一环节，特别是在绿色建筑全周期下的项目管理中，绿色施工项目管理是必不可缺的一环，其中主要涵盖了如何组织施工、如何规划施工方案、如何实施施工管理、如何评价管理流程等多方面内容。如何组织施工管理就是要建立绿色施工的管理体系架构，并制定制度与目标，这与绿色建筑设计初期设定绿色建筑目标是一致的。如何规划施工管理就是要制定绿色的施工方案，绿色施工方案应包括绿色建筑的主要内容，即四节一环保的内容（节能、节地、节水、节材及保护周边的自然环境）。绿色施工应对整个施工过程实施动态管理，加强对如何策划施工方案、如何进行准备工作、如何进行材料采购和如何准备工程验收等全流程阶段的管理和监督。

2. 绿色施工环境保护及资源利用

要求对土建施工全过程进行保护，防止扬尘；对施工产生的噪声与振动控制应控制在相关规范要求之下，同时应控制由于材质或夜间施工导致的对周围建筑的光污染情况等。此外针对水污染、建筑垃圾等问题也应进行控制。

建筑材料的节约与利用是绿色建筑设计过程中一个必不可缺的环节，且与材料的节约与利用和绿色施工是分不开的。设计师只能在图纸中控制材料的种类与型号，具体施工过程中的损耗会决定最终材料的用量，因此，绿色建筑是否节材必须归纳到绿色建筑项目管理中的绿色施工环节，才具有最终的说服力。在绿色建筑设计图纸审核时，节材与材料资源利用的相关内容，要求材料损耗率比定额损耗率低 30%；根据施工进度、库存情况等合理安排材料的采购、进场时间和批次，尽量减少库存；现场材料堆放有序，储存环境适宜，保管措施得当；材料运输工具适宜，装卸方法得当，防止损坏和遗撒，根据现场平面布置情况就近卸载，避免和减少材料二次搬运；采取技术和管理措施，提高模板、脚手架等的周转次数；优化安装工程的预留、预埋、管线路径等方案；根据就地取材原则，施工现场 500km 以内生产的建筑材料用量占建筑材料总量的 70% 以上。

目前，施工中已采取多种措施提高用水效率；加强对非传统水源利用，如优先采用中水搅拌、中水养护、收集雨水养护等；在非传统水源和现场循环再利用水的使用过程中，制定有效的水质监测与卫生保障措施，避免对人体健康、工程质量以及周围环境产生不良影响。

制定合理施工能耗指标，提高施工能源利用率；优先使用国家、行业推荐的节能、高效、环保施工设备和机具，如选用变频技术的节能施工设备等。

3. 绿色运营维护管理

绿色建筑的运行维护是绿色建筑项目管理中最为关键的一环。再好的设计、再绿色的施工，如果最终的运行不按照绿色建筑设计的运行规则来把控，一样无法成为真正的绿色建筑。绿色运营管理的最重要部分就是建筑采暖制冷的控制方式与运行策略。建筑能耗中 60% ~ 70% 都是来自建筑采暖制冷通风等主动设备的能耗。运营策略中应根据实际情况，准确按照使用时间进行设备的开启关闭，且设定的温度应与设计温度相同不能随意调节，防止出现夏季室内过冷或冬季室内过热的浪费能源的情况。此外，针对照明、电气等能耗，需要安装节能自动控制设备，实现人走灯灭。针对建筑遮阳、双层幕墙、特朗幕墙等特殊的绿色被动技术，应按照设计方提供的运行开启方法，按照准确的启闭时间进行运行，才能保障设计效果的达成。绿色项目管理中的运维阶段，是最终实现绿色技术，完成绿色建筑设计目标的终端，因此有着重中之重的作用。

第四章　绿色建筑施工技术集成创新

第一节　绿色建筑施工技术基础理论

一、相关概念的界定

（一）现代绿色建筑的概念、特点

现代绿色建筑的一般定义为：在建筑物的整个生命周期中，最大限度地节能减排，节约资源（节能、节地、节水、节材）、保护环境和减少污染，为人们提供更加健康、适用和高效的居住、使用空间，能够与周围环境相融合，与环境和谐共生的建筑。一个好的绿色建筑物一般能够将绿色配置、自然通风、自然采光、新能源利用、低能耗围护结构、中水回用、绿色建材和智能控制等进行有效的集成，具有合理的规划选址、高效可循环的资源利用、综合有效的节能措施、健康舒适的建筑环境、低废弃物排放、建筑功能灵活适宜等特点。“以人为本”“人、建筑、自然”的和谐统一是绿色建筑得以实现的必然途径，也是我国建设节约型社会，实施可持续发展的重要组成部分。

现代绿色建筑应该以最大可能地实现“可持续发展”为设计理念与准则，以科学的方式，将建筑与人、自然环境相融合，不断提高建筑环境效益、经济效益与社会效益。为实现这一目标，建筑物除满足传统的基本要求之外，还应遵循以下几个原则。

1. 关注建筑物的全寿命周期

建筑物的全寿命周期是指从规划设计到建设施工到后期的运营管理以至拆除建筑物存在的整个阶段。因此，绿色建筑的实施不仅要考虑到建筑设计阶段与周围环境相结合的地理环境因素，还要确保施工过程中对资源的有效利用，运营阶段将能耗降到最低，拆除阶段减少对环境的危害，建筑材料可以回收再利用等。

2. 适应自然条件，保护自然环境

1）充分利用建筑物周边环境，因地制宜，做到建筑物与环境的有效融合；

2）在建筑物的选址、朝向、形态、布局方面充分考虑当地的气候环境；

3）建筑规模与规格与周边环境相协调，统一规划和管理；

4）将建筑物与周边环境作为一个系统来考虑，尽量减少建筑物对周边环境的破坏，减少污染物的排放。

3. 创建适用与健康的环境

1）以人为本，考虑人居住或工作的舒适度，使使用者能够有一个健康愉悦的心情；

2）在使用安全的基础上，提高室内空气质量。

4. 加强资源节约与综合利用，减轻环境负荷

1）通过优化设计、创新施工工艺实现建筑物的节约资源，降低能耗；

2）合理优化资源配置，减少对资源的破坏或消耗；

3）做到因地制宜，首先应考虑充分利用当地的资源；

4）提高资源利用率，合理控制资源消耗；

5）增强建筑物耐久性，延长其使用寿命；

6）使用创新技术，利用清洁能源。

（二）绿色建筑综合体系内含

绿色建筑综合体系是指针对整个建筑而言，建筑方案、建筑材料、建筑设备以及施工过程中的施工技术与方法。

尤其是建筑设备与绿色施工技术，在之前绿色建筑体系中谈论较少，不为人所重视。但设备的选用，将直接影响到设备的使用功能，以及直接影响建筑后期的绿色、低碳、环保、节能性能。

绿色施工不仅局限于现场的文明、环保施工，如有效降低噪声、减少扬尘，在施工现场周围种植花草进行绿化等，这仅仅局限于绿色施工最基础的层面，绿色施工是一个包含施工技术创新在内的综合体系，涵盖可持续发展的方方面面。绿色施工技术的创新与应用目前已经逐渐融入绿色建筑的大概念——绿色建筑综合体系当中。绿色建筑综合体系就是除绿色建筑物本身之外，将其施工过程看成一个系统化工程，包括施工组织设计、施工准备（场地、机具、材料、后勤设施等准备）、施工运行、设备维修和竣工后施工场地的整体复原，等等。要求从施工组织设计开始的施工全过程（全系统）都要贯彻绿色施工的原则，将施工技术进行集成创新，确保绿色建筑综合体系的整体有效性。

二、绿色建筑支撑技术的概念

（一）绿色建筑的节能支撑技术

节能技术的应用是绿色建筑得以实现的有力保障，将建筑节能当作一个系统进行设计，利用先进成熟的技术，以提高人居舒适程度为目的，结合各地区地理环境的不同，对节能技术进行优化设计，降低建筑能耗，涉及施工中各个方面。节能技术围绕整个建

筑结构体系，节能技术应用基本上可以分为以下几个部分。

（1）外围护结构体系：主要包含外墙外保温、屋面地面保温、外窗、幕墙、外遮阳等建筑外维护结构，主要是建筑保温、通风、遮阳系统。

（2）恒温恒湿恒氧系统：主要包含可以用热辐射技术的恒温系统，置换新风系统等。

（3）新能源利用系统：目前常用的主要有地源热泵系统、光照导入系统、光伏发电系统、LED 灯技术等。

（4）水资源综合利用：中水利用系统及雨水回收系统等。

绿色建筑的构建一般是从上述几个方面入手，利用其支撑技术，从地上到地下，从室外到室内，以先进的节能技术减少建筑施工过程中的资源浪费以及降低后期运营过程中的能耗。

（二）绿色建筑设备与材料支撑技术

建筑节能理念的有效实施，离不开节能设备、构造体系和材料的支撑。其中地源热泵、天棚辐射采暖楼面、冷风吸尘设备、加厚 A 级防火保温板外保温、断桥隔热节能窗、复合种植顶板等是主要的节能设备、构造体系和材料支撑技术。

（三）绿色建筑的节能支撑技术的施工

绿色节能支撑技术——外围护结构体系、恒温恒湿恒氧系统、新能源利用系统、水资源综合系统等以及其新工艺需要的设备，绿色建筑的设备与材料支撑技术——地源热泵、天棚辐射采暖楼面、冷风吸尘设备、加厚 A 级防火保温板外保温、断桥隔热节能窗、复合种植顶板等，都对传统的施工技术提出了挑战，与之相适应的新的施工工艺与技术需要集成与创新。

综上所述的绿色节能支撑技术、绿色建筑的设备与材料支撑技术统称为绿色建筑的支撑技术，与绿色建筑的施工新工艺、新技术一起，构成了全生命周期绿色建筑的内涵和外延，拓展了绿色建筑的定义，将建筑物、建筑材料、建筑设备、建筑施工工艺与技术融入绿色建筑的大概念之中，归纳成了绿色建筑综合体系的概念。

三、绿色建筑施工技术集成的内涵

（一）绿色建筑施工技术的发展

起初，人们并没有将建筑施工技术列入绿色建筑中，但随着全国各地大搞建设，人们发现，虽然建筑施工阶段周期较短，但对自然生态的影响却往往是突发性的，而且对自然、生态环境的影响也比较集中。于是，相关专家人士呼吁重视建设施工阶段的绿色、文明施工。国家采取了一系列措施控制施工现场对生态环境的破坏、光、尘、噪声污染，但这仅仅停留在文明施工阶段，在施工企业往往只重视文明施工，并且有相当的一部分管理人员错误地认为文明施工就是绿色施工。政府部门在这方面的监管力度不够大，也更加剧了施工企业对绿色施工的片面性认识。

随着时代的发展，人们认知水平的提高再加上科学化、专业化的研究，目前世界各国都在积极地推动绿色建筑的快速、健康发展，但各地的发展水平各不相同，但总结起来，在发展过程中共同表现出以下几个方面的态势。

1. 能源节约系统的施工技术

能源节约系统包括充分利用自然条件，设置通风系统与采光系统减少空调和照明的使用；采用外墙围护结构、超厚保温层及保温墙体的新技术，减少建筑物能耗，开发利用新能源，如地源热泵、空气源热泵系统等清洁可再生能源减少建筑物对一次性能源的消耗。这些新系统、新设备、新材料、新构造的使用，不断促进施工新工艺、新技术的研发。

2. 节约型工地的创建

其主要表现在：集约化使用土地，合理规划使用土地；尽量减少建筑过程对周围土地的破坏和不合理的利用，造成土地资源的浪费；另外应避免建筑施工过程中产生的建筑废料对周围土壤的污染与破坏，减少建筑材料对环境的污染。合理安排施工流程，节约辅助材料；设计节水、节电、节油、节材的方案等，充分利用雨水、地下水施工。

3. 废弃物利用施工技术

加强对废弃物的回收与利用从而有效控制污染、回收利用废弃资源，既节约又环保，实现环境资源的可持续发展。

通过上述三个方面可知，绿色建筑施工正在引起国内土木工程界的高度重视，并且其应用取得了良好的发展。但绿色施工工艺技术上还有大量的施工工艺和技术有待集成与创新。

（二）绿色建筑施工技术集成

所谓建筑施工技术集成，是指对施工过程中的关键环节、关键技术进行科学合理的设计、优化，在工程实际操作中研究出新技术、新方法、新工艺。实现操作方便，提高效率，进而达到缩短工期，降低成本的目的。

施工技术集成创新一般情况下与传统的施工方法相比，工艺优异，技术先进，适用性和可操作性强，不但能够提高工程质量，降低施工成本，加快施工进度，而且以符合国家节能与环保要求为基础，满足节能、减排、绿色要求。

其实，在许多对建筑要求较高的施工过程中，均不同程度地采用了集成化施工技术，只是人们并没有归纳、总结而已，导致许多好的方法、好的技术、好的工艺并未能形成一个完整的体系，甚至有些被人们所忽视。

本节试图将读研期间探索并实际应用的关键技术、施工新工艺进行归纳、总结，形成一套可巩固、可推广、可实施的绿色建筑产品施工技术集成系统。

第二节　绿色施工技术及其集成系统研究

一、绿色施工技术

（一）绿色施工技术的内涵

建筑施工技术是指把建筑施工图纸变成建筑工程实物过程中所采用的技术。这种技术不是简单的一个具体的施工技术或者施工方法，而是包含整个施工过程在内的所有的施工工艺、施工技术和施工方法。

随着绿色建筑的诞生以及越来越被重视，绿色施工技术应运而生。绿色施工技术是指在上述传统的施工技术中实现“清洁生产”和“减物质化”等的绿色施工理念，达到节约资源、减少环境污染与破坏的效果。绿色施工应落实到具体的施工过程中去，打破传统的施工工艺与方法，将技术进行创新，多种施工进行有效集成，选择最优方案，加强施工过程的管理，减少对环境的负面影响，保证建筑物在运营阶段的低能耗，达到整个建筑物绿色的效果。

（二）绿色施工技术应用现状

绿色施工虽然是在可持续发展思想指导下的新型施工方法和技术，但是现实工程施工操作中，与传统的施工技术并没有太大的区别，虽然国家建设部早在 2007 年 9 月就发布了《绿色施工导则》，提出了绿色建筑和绿色施工的总体框架要点，但是没有落实导致绿色施工仅仅局限在理论上，存在于口头间。

绿色施工做得较好的项目也仅仅着眼于降低施工噪声、减少施工扰民，做做防尘措施，材料进场施工时对材料的经济性、无害性进行检测，增强资源节约意识等简单基础的层面节能、减排方式。这些仅仅称得上绿色施工措施，与绿色施工技术相差甚远。绿色施工技术应当是技术的创新与集成的有效结合，使绿色建筑的建造、后期运营乃至拆解全过程中充分而高效的利用自然资源，减少污染物排放。这是一项技术含量高、系统化强的“绿色工程”，是对传统绿色施工工艺的改进，是可持续发展的一项重要举措。

二、施工技术集成系统

（一）施工技术集成系统内涵

技术集成的含义是：按照一定的技术原理或功能目的，将两个或两个以上的单项技术通过重组而获得具有统一整体功能的新技术的创造方法。它往往可以实现单个技术实现不了的技术需求目的。

施工技术集成即把单个或多个施工技术、施工设备以及应用材料作为一个整体去考虑，进行一体化施工，进而研发实现预期的目的所需要的施工新技术、新工艺以及工艺原理，集成技术施工操作流程等，进行系统化操作。施工技术集成系统的基础环节是系统化和一体化。

（1）系统化是指：将多种施工技术作为一个系统来考虑，包含施工组织设计，现场施工准备、施工技术的具体操作，施工工艺的实施以及施工质量的控制以及竣工后施工现场生态环境的恢复，等等。传统的绿色施工也包含降噪、防尘等施工控制环节，但不够科学化、系统化。

（2）一体化是指：提高施工机器的使用效率，单台施工机械可以完成多个工序，从而减少施工机具的应用，消除工作衔接时间，减少施工机具操作人员，从而提高效率，降低资源消耗。实施一体化施工主要包括两种方式。

1）化繁为简：使用多功能机械进行多项工作，实现一体化操作。

2）研发新机器、新工具，提高工作效率。

施工技术集成系统的重点是将各项施工技术进行整合并研发出关键技术，找出关键节点，对整个工程的施工质量进行控制，实现建筑物低消耗、低排放、节能无污染的目的。

（二）施工技术集成系统对绿色建筑的作用

施工是将建筑物转化成实体的关键环节，更是影响着建筑物后期运营效果，可持续发展理念在工程施工过程中全面应用的具体表现。它不仅是实现建筑业可持续发展的重要途径，也是绿色建筑整个寿命周期内不可或缺的重要组成部分。

施工技术集成系统更能够做到统筹协调多项施工过程，将各项工序进行有效的搭接，充分协调各项施工工艺，处理好各项逻辑关系在统筹分析的基础上，对目标体系进行优化，能够有效地杜绝传统粗放式施工，充分体现绿色施工的优越性。除此之外，施工技术集成系统更能实现经济效益、社会效益和环境效益的统一。传统绿色施工的理念也掩盖在为了赶工期，往往是不惜拼设备，拼材料，拼人力，以致造成资源的极大浪费和严重的环境污染，失去了绿色施工的本来意义。

而施工技术集成系统则将环境保护、节约资源能源等提升到项目管理的目标层次，从策划环节开始，就已经确定了“节材、节水、节能、节地和环境保护”的控制目标，并将其分解到各项工程中，施工完毕后还必须进行绿色施工评价，增强参与方及施工技术人员的绿色施工意识，使真正意义上的绿色建筑得以落实，同时可以促进环保节能新技术的出现。

绿色施工技术概念性较强，工程实际施工操作时，诸多细节需要研究创新；或者仅仅停留在基础层面，尚未实现实质意义上的绿色施工，没有考虑到施工技术与绿色建筑技术的有效结合，影响建筑物后期整体运营能力的提升。所以，在实际工程施工中应重点关注施工工艺革新，研究工艺原理、创新施工工艺和技术，并将进行技术集成与创新，以形成体系，实现建筑物全生命周期的节能、环保。

第三节　绿色建筑施工技术集成创新

一、再生能源建筑温控系统施工技术集成

（一）再生能源建筑温控系统施工集成体系

随着时代的发展，建筑所代表的文化内涵也在不断发展，人们对建筑物的要求也在不断提高。建筑不再仅仅是一个供人居住、进行活动的场所。随着环境的不断恶化，自然资源的锐减，绿色节能的理念越来越被人们重视，其中就包括了再生能源建筑。

随着人们生活水平的不断提高以及人们对环保的重视，再生能源热泵得到了广泛的应用，这是一种利用浅层和深层的大地能量，包括土壤、地下水、地表水等天然能源作为冬季热源和夏季冷源，由热泵机组向建筑物供冷供热的系统，是一种利用可再生能源的既可供暖又可制冷的新型中央空调系统，是一项值得大面积推广的建筑节能技术。本节研究的再生能源建筑温控系统施工集成体系，集成了流动载体传输环路的并联设计下集合管流量专门控制体系的施工新技术，适时节约建筑物室内温控运行成本；孔井一体化施工技术，通过数据分析与工艺创新，最大限度地将再生能源前期勘探孔综合利用为工作井以降低施工成本；动力系统底座衬垫和吸隔结合的降噪控制技术，降低建筑物内部噪声污染，改善生活环境；研制热泵循环系统新型自动放气阀防堵罐，提升系统科技含量的同时简化安装工艺，方便操作，提高设施运行效率；在发挥再生能源热泵机组优势的基础上，通过建筑物内部密闭的收敛型温控体系施工技术和建筑物外部夏季反射、冬季吸纳型的阳光集散体系施工技术的组合，达到建筑物节能目的。

单一的再生能源热泵系统不能构成完整的建筑物节能体系，由地源热泵系统、天棚辐射采暖楼面、冷风吸尘系统、加厚 A 级防火保温板外保温系统、断桥隔热节能窗系

统等组成的温度控制集成体系（再生能源建筑温控体系），通过各系统之间的彼此相互依存，系统之间作用的相互弥补，才能构成降低建筑物能耗、节约运营成本的最优组合。由再生能源建筑温控体系带来的施工技术与质量问题，已经得到了工程界的高度关注。将上述地源热泵、采暖楼面、冷风吸尘系统、外保温系统以及断桥隔热节能窗施工进行集成无疑是一个重大的突破与创新。施工技术的集成对施工企业提出了新的挑战，但所带来的是建筑物长期运营能耗的降低，从而达到绿色、节能的目的。

（二）关键技术研发

1. 关键技术

新技术、新工艺的落实必须有关键技术、关键节点以及应重点研究的施工过程与方法。

通过不断的理论研究和实践探索，针对上述再生能源建筑温控体系探索出以下几条关键施工技术：

（1）孔井一体化施工技术；

（2）流动载体传输环路的并联设计和集合管流量专门控制体系的施工新技术；

（3）动力系统降噪控制技术；

（4）热泵循环系统新型自动放气阀防堵罐施工控制技术。

2. 技术特点

（1）孔井一体化施工技术。通过数据分析与施工技术创新，能最大限度地将再生能源前期勘探孔综合利用为工作井，与传统的孔井分离施工技术相比，缩短工期，降低工程成本。

（2）流动载体传输环路的并联设计和集合管流量专门控制体系的施工新技术。通过工艺创新，能优化温水流量，节约建筑物室内温控运行成本。

（3）动力系统降噪控制技术。通过施工技术集成，能有效地降低建筑物内部噪声污染，改善生活环境。

（4）热泵循环系统新型自动放气阀防堵罐施工控制技术。研发并应用新型防堵罐，大大提升温控系统的科技含量，简化安装工艺，方便操作，提高设施运行效率。

上述四项关键技术的应用，确保了再生能源建筑温控体系施工新技术得以实施并且达到理想的节能减排效果。

（三）工艺原理分析

（1）孔井一体化施工技术，针对工程建设场地地质特性，利用数学优化理论的思想，寻求最佳的勘探井点网格布局，并结合目前的工作井施工技术现状，采用完井新工艺新技术努力提高勘探井的完井质量，把探井完井的整体水平提升到一个新的高度，使再生能源建筑前期勘探井综合利用为工作井，可以最大限度地降低勘探人员的工作劳动强度和建设单位的工程建设费用。

（2)集成的流动载体传输环路的并联设计和集合管流量专门控制体系的施工技术，通过再生能源流动载体传输环路（热辐射盘管）的并联设计和集合管流量控制专门设计体系的施工新技术达到优化流量，节约建筑物室内温控运行成本的目的。并联环路阻力损失小，即通过设计施工的并联体系，利用两个节点之间的压差相等的原理使管网流量平衡，即节点的各支路流量的代数和等于零，使得各房间温差最小，能耗最小。集合管流量控制专门设计体系与施工，即当需要泵机台数调节时主要采用流量控制，根据桥管内水流的方向和大小控制泵机的开停，节约能量；当需要解决水力、热力工况不协调的问题时，采用负荷控制，负荷变化范围较宽时，采用多泵并联变速运行可有效降低运行能耗，在低负荷时系统仍能保持较高的效率。

（3）动力系统底座衬垫和吸隔结合的降噪控制技术，通过动力系统底座下部减振元件的科学安装布置和周边隔音材料敷设，根据地源热泵的重量选用 12 个高度可调的弹簧阻尼隔振器放在泵体下方进行单层隔振。为了使隔振器的上表面和下表面均匀受力，在安装隔振器之前对机组的下表面和基础的上表面进行求平处理，使两者表面水平度误差尽量在 ±30mm 以内。并把管道和墙体进行分离，进行隔震处理，噪声下降了 20 ~ 30dB（A）。从而降低建筑物内部噪声污染，改善了生活环境。

（4）热泵系统在运行过程中，水在加热时释放的气体如氢气、氧气以及散热器里气袋等，会导致腐蚀的形成、热水循环不畅通不平衡、管道带气运行时的噪声、循环泵的涡空现象，所以系统中的废气必须及时排出。热泵循环系统新型自动放气阀防堵罐，在放气阀中设计 Y 型过滤器并在放气阀底部设置检修口，使管道里的铁锈和杂质沉淀过滤掉。另外热泵排气阀还可在系统压力紧急时为系统补充空气，保证系统不会因负压产生泵涡顶事件，在系统正常后再由此阀排出空气，提升了系统科技含量，简化了安装工艺，方便操作，提高了设施运行效率。

（四）施工工艺流程及施工技术

1. 再生能源建筑温控体系孔井一体化施工工艺流程

孔井一体化施工技术，针对工程建设场地地质特性，利用数学优化理论的思想，寻求最佳的勘探点网格布局，并结合目前的工作井施工技术现状，采用完井新工艺新技术努力提高勘探井的完井质量，把探井完井的整体水平提升到一个新的高度，使得再生能源建筑前期勘探井综合利用为工作井，可以最大限度地降低勘探人员的工作劳动强度和建设单位的工程建设费用，充分利用勘探井和工作井的转化减少对原地质组成的破坏。施工工艺流程主要包括 U 型管制备→孔定位编序→钻孔→下管→垂直埋管灌浆→地埋管系统试验及运行等。

2. 再生能源建筑孔井一体化施工技术

（1）放线、钻孔施工新工艺

将室外地源换热器设计图纸上的钻孔的排列、位置逐一落实到施工现场。探孔服从工作井标准，孔径的大小以能够较容易地插入所设计的 U 型管为宜。在钻孔过程中，根据地下地质情况、地下管线敷设情况，适当调整钻孔的深度、个数及位置，以满足设计要求。

（2）下管与第二次试压施工新工艺

本工程采用的是人工下管的方法。为了防止下管过程中遇到损伤应在 U 型管头部设置防护措施，下管完成后进行二次水压实验。

（3）水平沟槽开挖以及安装分集水器施工新工艺

分、集水器为直埋敷设。埋管时深度要大，沟底夯实，随后填埋一层细沙或者细土，将 U 型管与分、集水器的每一个管段进行连接，形成封闭环路。

（4）回填施工新工艺

①灌浆回填材料为膨润土和细砂的混合浆。膨润土的比例宜占 4% ~ 6%。

②回填原料安装完毕后，立刻灌浆回填封孔，隔离含水层。

③孔井中 PE 管理完后等待 3 ~ 4 小时，待井中砂、泥浆沉淀后用粗砂回填。

3. 再生能源建筑流动载体传输环路流量控制施工新工艺

（1）阀门等管道部件安装施工新工艺。阀门的安装位置、高度、进出口方向需要符合设计要求；安装在保温管道上的各类手动阀门，手柄均不得向下；大型号的阀门，单独在阀门处设置承重支架；系统最高处的排气阀、管路最低点的泄水阀必须设置并注意安装方向正确；机房内所有阀门以及主管道的切断阀门，必须进行强度严密性试验。

（2）补偿器安装施工新工艺。

①对波纹管膨胀节进行单独吊装，安装前检查膨胀节的规格型号以及支座配置是否符合设计要求。

②做到内衬筒方向与介质流动方向一致，铰链转动平面与位移平面一致，不得使用波纹管变形的方法对管道的偏差进行调整。安装过程注意不要让焊渣飞溅到膨胀节表面使其受到损伤。

③管道安装完成后将辅助定位机构的紧固件拆除，并将限位调整到设计规定位置，波纹膨胀节不允许出现被外部构件卡死的情况。

（3）管道安装操作要点。一定要将管子拧紧，在螺纹连接处用密封胶和聚四氟乙烯生料进行有效连接。

4. 再生能源建筑动力系统集成降噪施工新工艺

（1）减震垫按设备技术文件要求布置，设备与基础间除减震垫外，不应填混凝土，以确保减震垫的功能，按规范要求进行负荷运转。

（2）减震元件应按地源热泵机组的中轴线做对称布置。

（3）机组减震原件进行合理的设置，使其压缩变形量尽可能保持一致。

（4）地源热泵机组减振安装的橡胶减震垫与地面及与惰性块或型钢机座之间无黏接或固定。

（5）减震垫与钢板应用黏合剂黏接。镀锌钢板的平面尺寸比橡胶减震垫每个端部大 10mm 镀锌钢板上、下层粘接的橡胶减震垫交错设置。

（6）安装时保证减震元件的静态压缩变形量不超过最大允许值。

（7）机组减震元件应避免与酸、碱和有机溶剂等物质相接触。

5. 再生能源建筑温控体系新型排空阀施工新工艺

（1）从阀盘组件取下防脱链条并从底座拆除阀盘组件。拆除并抛弃排气阀内外的所有保护包装材料。拆除并抛弃阀盘组件的保护纸板和胶带。

（2）仔细检查，以确保排气阀底座或阀盘组件中不再有包装或保护材料。

（3）使用适于使用条件的垫圈将排气阀底座固定到适当的罐上法兰上。为了获得最好的性能，排气阀底座应水平固定，以便阀座表面和水平面的差距不超过 1°。

（4）压力设定配重块安装，将配重块装配到阀盘组件的顶部。这要通过以下步骤来完成，拆除全天候护罩、将配重块居中放置在阀盘上，然后使用提供的配重块固定夹将配重块固定到阀盘上，安装配重块（如果提供）后，更换全天候护罩并使用螺母固定。

（5）将阀盘组件安装到底座中，阀组移动限定架置于阀座内部。（注：顺着阀组移动限定架，阀盘组件应可在底座中自由上下移动。）

（6）将底座上安装的防脱链条重新连接到阀盘组件上的固定夹上。这些链条旨在操作条件下限制阀盘组件的抬升，并保持阀盘组件定位，以便在释放罐槽中的过大压力后可以使其复位。

（7）排气阀必须垂直安装，否则排气阀浮筒不能浮起，造成排气阀不能正常工作。

（8）必须装在系统的最高点。

（9）安装位置应便于调试和维修，预留检修空间。

（10）Y 型过滤器和检修保温器应做成可拆卸式，方便系统冲洗和维修拆卸。

（五）基于新工艺的施工质量控制

1. 过程控制

分项工程施工前，各专业技术员对班组长进行书面技术交底并签字，班组长对本班组人员进行口头交底。

施工现场的各种材料、成品、半成品、设备均按项目部要求堆放。材料的堆放和管理应符合公司的有关规定，并认真开展文明施工。

进入的所有施工机具、设备确保完好并满足工程所需，严格按公司设备管理制度进行使用、维护和保养。

每道工序施工完毕后，施工人员对该工序进行自检及班组内的互检，发现问题及时整改并做好记录。

施工中出现设计变更时，应及时与技术人员进行交底，确保变更能够及时有效地落实。检查合格后，有关人员及时进行验收，验收合格后方可对需隐蔽工程进行隐蔽。

2. 检验和试验

（1）进货检验和试验

对所有进场的物资进行详细的检验，并进行试验。检验不合格的或不符合绿色建筑施工要求的物资一律不准入场。

（2）过程检验和试验

每一道工序都应首先进行自检，在自检合格的基础上进行复检，复检合格后才能转入下道工序。

（3）最终检验和试验

按照技术规范要求及绿色施工集成新技术标准对产品进行最终的检验与试验，以确保产品、工程质量。

3. 检验、测量和试验设备的控制

明确检验任务，选择合适的检验、检测设备，保证检验数据的精确性。

4. 不合格品的控制

及时有效地对产品进行检验、检测，如发现不合格产品应及时进行控制，不得使用并从根源处理，寻找造成产品不合格的原因，进行产品、技术改进。

5. 纠正和预防措施

质检、安检人员应及时纠正不合理施工方案，发现不合格操作及时进行纠正，并且制定切实有效的预防措施。

6. 搬运、贮存、包装、防护和交付现场施工人员在搬运、储存半成品、成品时应注意对产品的保护，做到不碰不损伤，根据产品的特性进行储存，包装和防护；交付使用时应于施工技术人员交底，说明应注意的要点问题，避免对产品造成损害。

7. 质量记录

质检人员做好对产品及施工后各道工序的检验，做好质量检查记录。

二、复合功能植被顶板施工技术集成

（一）复合功能植被顶板施工集成体系

随着社会经济的发展，人们对生活环境的要求也日益提高，在城市化加速发展带来的城市环境恶化的诸多问题面前，人们逐渐对屋顶绿化认识上有了转变，在全国如北京、重庆、成都、上海、深圳等大城市屋顶绿化以各种形式展开，政府也认识到顶板（包括屋顶）绿化的重要性，一些大城市也相继出台了鼓励措施和相应的政策法规。

复合功能植被顶板，是指在地下工程顶板如地下车库顶板、地下人防工程顶板等的防水层上铺以种植土，并种植植物，使其起到保温、隔热和生态环保的作用。复合功能植被顶板施工不仅不占用地面绿化用地，而且是在有限的城市空间里充分利用闲置空间提高绿色覆盖率的最有效方式之一，是21世纪绿化、美化城市的主要手段。它不仅能有效地降低光、声污染和二次扬尘，又具有吸废、排氧、截留雨水和降低城市热岛效应等改善城市生态环境、调节小气候的功能。

复合功能植被顶板上绿化，不但要种植草、种植灌木，还要种植相当大的乔木，现有的种植屋面技术满足不了实际的需要，实际运用中存在渗水、漏水、顶棚脱落、种植区下部顶板被植物根系穿透致使防水、保温甚至结构层遭破坏等诸多问题。种植顶板一旦渗漏，返修十分困难。

在实际工程操作过程中，我们试图将复合功能植被顶板进行集成施工并成功解决了一系列问题。车库顶板构造的空中花园般的种植，是乔灌花草搭配，亭榭花架、小桥流水、体育设施综合在一起的供人们休闲娱乐的绿色空间，取得了良好的经济、社会效益。

（二）关键技术

1. 技术特点

（1）超厚复合层施工新技术：通过一系列集成新技术，提升了顶板结构层、保温层、找坡层等多层复合的施工质量。

（2）耐根穿复合胎基施工技术：通过保护层材料选配、配筋强化、复振复抹压实施工和复合胎基热辊压工艺创新，防止了植物根系穿透而使防水、保温乃至结构失效。

（3）天棚网格布找平层刮糙技术：采用加衬网格布的顶板天棚刮糙和喷涂抹灰，既防止顶棚脱落、返潮发霉，又提高了工效，改善了作业环境。

（4）配土、排水与围池种植施工技术：人工基质加轻质颗粒物，实现复合顶板绿化专用的土壤施工；围池种植高大乔木，既加快灌水的渗透、余水的排放，同时减轻了顶板荷载，节约费用。

上述四项关键技术的综合应用，能解决在施工工程中出现的渗水、漏水、顶棚脱落、种植区下部顶板被植物根系穿透致使防水、保温甚至结构层遭破坏等诸多问题，确保复合功能植被顶板施工集成技术得以顺利实施。

2. 工艺原理分析

（1）工艺目标

1）提升复合功能植被顶板各层复合的施工质量，减少甚至杜绝结构各层的温差裂缝，降低维护成本。

2）保证种植区下部的顶板不被植物根系穿透，防止复合功能植被顶板防水层、保温层以及结构层失效。

3）防止复合功能植被顶板的顶棚脱落，提高工效，改善施工作业环境。

4）实现种植花、草、灌木和乔木的结合，加快灌水渗透、雨水排放的同时减轻顶板上荷载，节约成本。

（2）工艺原理分析

1）超厚复合层施工新技术，从地下室由下往上采用防霉乳胶漆涂刷、水泥基渗透结晶型涂刷、重载抗渗顶板防缩裂浇筑、分层找平、保温层挤塑板（XPS）满灌、保护层混凝土加钢筋网片等一系列技术集成，提升施工质量，延长建筑寿命，降低了后期建筑的维护成本。

2）耐根穿复合胎基施工技术，选用强化防水卷材和有耐根穿作用的复合胎基防水卷材作为防水层，热熔施工、辊压铺贴，在防水层上再做加强钢筋网片混凝土保护层，通过复振复抹压实技术，防止种植区植物根系穿透顶板，确保保温层、防水层及结构层的安全性能。

3）天棚网格布找平层刮糙技术，采用加衬网格布的顶板天棚刮糙，能够有效防止顶棚脱落，避免砸坏车辆，伤害居民的人身安全。

4）配土、排水与围池种植集成施工技术，通过选用人工基质加轻质颗粒物作为种植土，减轻车库顶板荷载；采用种植池种植高大乔木，既能减少种植土的使用，节约成本，又能提升灌水渗透、余水排放效应，避免顶板漏水，减少维修费用。

（三）施工工艺流程及施工新技术

1. 地下室植被顶板天棚乳胶漆涂刷施工新工艺

（1）对于地下室，室内湿气较重，为了防潮防霉，选用雅达 EF-014B 防霉乳胶漆，EF-014B 防霉乳胶漆采用精选特种丙烯酸乳液，经先进的色散工艺和防霉配方技术，配以优质、细腻的颜料、填充料及多种无毒助剂精细加工制成，耐水、碱、石灰和化学品性强，能有效防止褪色和粉化，防霉、抗藻性能优异并且遮盖力高、附着力强。

采用一底两度，即一层底漆，两层面漆的涂刷方法。

（2）基层处理：将装修表面上的灰块、浮渣等杂物用开刀铲除，对表面有油污的地方，用清洗剂和清水洗净，干燥后再用棕刷将表面浮砂、灰尘清扫干净；用水与界面剂（配合比为 10 ∶ 1）的稀释液滚刷一遍；晾干，用嵌缝腻子将底层不平处填补好。

（3)第一度满批腻子：用胶皮刮板满刮，要求横向刮抹平整、均匀、光滑，密实平整，线角及边棱整齐为度；尽量刮薄，不得漏刮，接头不得留槎；腻子干透后，用粗砂纸打磨平整，操作时注意保护棱角，磨后用棕扫帚清扫干净。

（4）第二度满批腻子：第一层腻子涂层表干后进行第二遍涂刷，根据施工现场温度和湿度确定前后两次涂刷间隔时间，通常不少于 2 ~ 4 小时。第二遍满刮腻子的刮抹方向与前腻子相垂直；然后用 300W 太阳灯侧照天棚面，用粗砂纸打磨平整，最后用细砂纸打磨平整光滑。

（5）涂刷第一遍乳胶漆（底漆）。

①乳胶漆使用前涂刷均匀，按照从上到下、从左到右、从远到近的顺序涂刷，并做到前后衔接。

②第一遍乳胶漆干透后，用灯光照着复补腻子，特别检查有顶灯的部位，对墙面上的麻点、洼坑、刮痕用腻子批刮找平，干透后用细砂纸轻轻打磨，并把粉尘扫净，达到表面平整光滑。

③当日未用完的乳胶漆要完好封存防止风干。

④要做好涂层背面水源的封闭，防止水从背面渗透过来破坏涂层。

（6）涂刷第二遍乳胶漆。

①涂刷第二遍乳胶漆应比第一遍稍稠一些。

②滚子涂刷到位。

③干燥后进行打磨清扫。

④乳胶漆上面漆时，其他工种不得施工，以防污染。注意成品保护（地面及相邻成品）。落在其他装饰成品上乳胶漆应清理。

（7）涂刷第三遍乳胶漆。

①第二遍面漆应在上一遍面漆完全干后方能进行，至少间隔 2 小时以上。乳胶漆施工室温应控制在 5℃以上。同时密闭门窗，减少空气流通，涂刷完 2 小时后方可开窗通气。检查无透底、流坠、无明显划痕及裂缝。

②第三遍乳胶漆为喷涂。做到迅速喷涂，从一头开始到另一头按照顺序进行，注意相互之间的衔接，避免出现干燥后再进行接头的现象。

2. 地下室植被顶板挂耐碱玻纤网格布施工新工艺

（1）检查耐碱玻纤网格布出厂合格证及检测报告。

（2）底层砂浆聚合物初凝后，在其表面喷涂厚度为 1 ~ 2mm 的抗裂砂架，要确保网格布均匀被覆盖，也可以稍微看到网格布的轮廓为准。

3. 地下室植被顶板隔气层施工新工艺

（1）隔气层材料采用 0.8mm 厚 CCCW 水泥基渗透结晶型防水涂料。

（2）在 CCCW 施工之前，先将表面清扫干净，且要求干燥、平整、牢固、干净，不得有松散、开裂空鼓等缺陷，含水率不大于 9%，凹凸不平及裂缝处需要先进行找平。可用 1 ： 2 水泥砂架进行批嵌，以确保防水涂料的施工质量。

（3）打开料桶，把涂料搅拌均匀，用滚子涂抹，根据涂层厚度 0.8mm，涂刷 3 遍，直到满足设计要求厚度为止，上层涂料涂刷时，应待下层涂料干涸后进行。

（4）防水涂料施工完毕后，及时检查，观察涂层是否有裂纹、翘边、鼓泡、分层等现象，若有需要及时修复。

4. 地下室植被顶板重载抗渗顶板（钢筋混凝土空心楼盖）施工新工艺

（1）地下室植被顶板重载抗渗顶板混凝土工程应按下列要求施工。

①混凝土施工必须按以下工艺流程进行：施工准备→模板交接→浇灌申请→监理工程师批准→混凝土浇筑振捣→混凝土养护。

②应采用由专业化公司生产的商品混凝土，严格按设计的抗渗等级（S8）配比。施工现场严格按规范规定进行坍落度测试和试块留置等工作。

③采用分段施工法，以减少混凝土的温度应力和收缩应力。浇筑前先对冷却水管试水压及流量，一保不渗漏，二看流量和出水温度，计算冷却时间。

④严格将车库顶板混凝土坍落度控制在 170mm 以内。插入式振捣器作用半径控制在 300 ~ 400mm，振捣时间为 20 ~ 30s，振捣时振捣器快插慢拔且上下略微抖动。

⑤在混凝土初凝之前，进行二次振捣，二次抹压，及时排除表面泌水，以增加混凝土的密实度，减少混凝土的表面裂缝。

⑥浇筑混凝土时应经常观察模板、钢筋等有无移动、变形情况，发现问题应立即停止浇筑，并应在下次浇筑的混凝土凝结前整改好。

⑦对于钢筋密集的部位，为确保混凝土质量，该部位采用 5 ~ 25mm 粒径的细石混凝土。

⑧混凝土浇筑时要准确控制好预埋件位置，浇筑振捣时要防止损埋件位移及上浮。混凝土浇捣后，12 小时内应对混凝土加以覆盖和浇水，混凝土表面全部用一次性塑料薄膜养护，3 天内，不得进行后续工序的施工。吊运重物时，宜分散堆放，且堆放位置应采取铺设垫板等措施，减轻对顶板的冲击影响。

（2）地下室植被顶板重载抗渗顶板模板工程施工新工艺。

①搭设模板支撑系统所用钢管全部采用 48mm × 3.5mm，木方用 50mm × 100mm，模板采用 15mm 厚竹胶模。每根立杆底部设置垫板，垫板厚度不小于 50mm。

②模板支撑系统的搭设和拆除，均不得上、下步同时作业。

③模板支撑系统拆除前应由项目工程师召集有关人员对工程进行全面检查，确认相应部位顶板混凝土均已达到设计强度，确实已不需要时，方可拆除支撑系统。

④支撑系统的拆除作业必须自上而下逐步进行，严禁上下步同时拆除作业。分段拆除的高差不应大于 2 步。

5. 地下室植被顶板水泥砂浆找平层施工新工艺

（1）水泥砂浆找平层施工前应清洗干净，表面干燥，先把屋面清理干净并洒水湿润，铺设砂浆时应按由远到近、由高到低的程序进行。

（2）顶板结构的找平层应坚实、平整，不得有浮灰或油污，无酥松、起砂、麻面的凹凸现象。

（3）基层与突出种植面结构（绿植墙、主体结构）的交接处和基层的转角处，水泥砂浆找平层应做成圆弧形，圆弧半径 50mm；内部排水的落水口周围，找平层应做成略低的凹坑，以便防水层施工。

6. 地下室植被顶板 0.8mm 厚冷底子油复合层施工新工艺

（1）涂刷冷底子油之前，检查找平层表面，要求平整、干净。

（2）涂刷冷底子油时，要用力薄涂，厚薄均匀，不得有空白、麻点、气泡等现象。

7. 地下室植被顶板铺贴防水卷材施工新工艺

（1）施工流程。

节点部位加强处理→铺设 SAM-940 聚合物改性沥青防水卷材→搭接卷材→节点密封→揭除 SAM-940 聚合物改性沥青防水卷材上表面隔离膜→铺贴 SBS 改性沥青防水卷材附加层→热熔铺贴 SBS 改性沥青防水卷材→热熔封边→铺贴耐根穿复合胎基防水卷材附加层→热熔铺贴耐根穿复合胎基防水卷材→热熔封边→蓄水试验。

（2）将耐根穿复合胎基防水卷材黏结面对准基准线平铺在基面上，速度不宜过快，以免出现偏差难以纠正。卷材粘贴时，不得用力拉伸。

（3）将耐根穿复合胎基防水卷材剪成相应尺寸，卷好备用。将火焰喷枪点燃，加热基层与卷材交界处，加热要均匀，喷枪距交界处 30cm 左右，往返加热，趁距卷材的沥青刚刚熔化时将卷材向前滚铺，在滚铺时应立即排除卷材下面的空气，并辊压粘贴到基层上。

（4）将耐根穿复合胎基防水卷材搭接缝处用专用喷枪加热，火焰的方向与操作人员前进方向相反，趁热使二者黏结牢固，以边缘挤出沥青为合格，先封长边，后封短边。

（5）为保证施工质量，SBS 改性沥青防水卷材的施工方法采用与耐根穿复合胎基防水卷材的施工相同的方法。完工后，应做蓄水试验，蓄水 24h 无渗漏为合格。

8. 地下室植被顶板种植土和种植池施工新工艺

（1）按图纸要求进行种植土回填，种植土要求选用植被顶板绿化专用的土壤：轻质的人工基质加入一些直径在 5 ~ 8mm 的轻质颗粒物，比如黏土破碎的颗粒、膨胀珍珠岩、硅藻土颗粒，保证种植土具有较好的通气、透水和保肥能力，控制各类土壤酸碱度。

（2）微地形塑造。首先对回填土方的标高和密实度进行复核，确保景观工程结构稳定和标高正确，其次回填到设计标高，标高误差控制在 0.05m，按景观施工图纸标高要求及现场园林景观整体效果进行微地形整理，并进行微地形的塑造。最后行道树和园景树胸径大于 8cm 的乔木，保证适合植物生长的土层深度，绿地内回填种植土时应避免重型机械碾压，种植土的表层用石磙碾压平整，凹凸不大于 2 厘米，达到设计高程和坡度要求。

（3）中小型种植池采用砖砌体，基础垫层采用防水顶面浇灌混凝土。垫层表面平整，垫层达到一定强度后，方可上人，弹线施工，灰砂砖砌筑。

（4）砌筑用灰砂砖由实验室进行取样试验，合格后使用。砌筑前除大堆浇水湿润外，还在砌筑前对砌筑面再洒水湿润，保证含水率在10%～15%。

（5）花岗石压顶工艺流程：基层清扫→刷水泥浆→水泥砂浆找平层撒纯水泥并洒适量的清水→拉线→铺花岗石→清洗地面。石材各边要锯切平直，对缝拼接，缝隙均匀，留缝和勾缝按设计要求。

（6）面砖施工前基层必须清理干净和平整，灰渣和浮土应扫净，不平之处应铲平。

（7）地下室植被顶板大型乔木采用混凝土种植池，先用几块摊铺厚度相同的方木或砖块放在夯实后的素土基础上，然后用人工摊铺，碎石料底尘土要清理出去。

（8）再先用压碾碾压，碾速宜慢，每分钟为25～30米。

（9）混凝土工程施工时，严格按照设计要求绑扎池壁钢筋，按照专项方案支设种植池混凝土异形模板。浇筑混凝土时，坍落度严格控制在160毫米以内，混凝土要求防水抗渗，混凝土一次性浇筑完毕。

（四）施工质量控制

1. 确保防水涂料的密封包装。

2. 涂料应储存在0℃以上，干燥通风且远离火源的情况下。

3. 进场的涂料进行严格检查，检验其延伸率、伸长率、柔性、不透水性及耐热性。

4. 防水面层如需堆放材料，应做到轻拿轻放并用方木进行铺垫。

5. 注意防止施工过程中施工机械对防水层的破坏。

6. 施工结束后应该注意对成品进行保护。

7. 防水层验收合格后，可以在防水层上浇筑细石混凝土或砂浆作为保护层。

8. 施工过程中若造成局部防水层破坏，应及时进行处理，并采取相应的补救措施。

9. 下雨天不得对防水层进行施工，已施工的应用塑料布等进行遮盖，干燥后再进行施工。

三、中置式超厚岩棉防火保温层施工技术集成

（一）中置式超厚岩棉防火保温层施工集成体系

外墙保温材料的保温、防火性能一直是人们关注的热点，也是建筑行业致力提升的重要环节，尤其是因为外墙保温材料不合格、选材不合理、施工不当等原因造成一些重大火灾事故后，更是引发了人们关于外墙保温材料的选用及施工方法的思考外墙保温是绿色建筑节能中的一个重要环节，若外墙保温材料不合格、选材不合理、施工不当则不仅会影响建筑的保温性能，还会造成重大火灾事故，也有利于绿色建筑的发展。

岩棉板保温材料与其他外墙保温材料相比，由于其耐火性、保温性、抗裂、防火性、耐久性等多种优异性能被越来越多的建筑工程采用，并得到国家相关部门的认可，得以推广应用。而对绿色建筑要求较高的高档建筑来说，为了满足节能、减排以及后期降低建筑能耗的要求，常用超厚岩棉板做保温层与其他节能技术共同作用，达到“恒温”“恒湿”“恒氧”的效果。

在实际工程中，超厚岩棉板加外墙干挂石材的高档建筑也已屡见不鲜，如何将保温层以及干挂石材进行集成施工是关系到建筑物能否达到绿色节能效果的关键。中置式超厚岩棉板保温层与干挂石材饰面总体构造由内而外分别包括基础墙体、岩棉板（锡箔防护）、特制锚栓、龙骨以及干挂石材，相对传统的外墙保温、涂料饰面而言，保温性更好、更安全、环保。

（二）关键技术研发

1. 关键技术

为了能够将超厚岩棉板与外墙干挂石材有效地结合在一起，满足建筑物保温性能的同时保持外墙面的美观性，在施工过程中，对关键的技术、关键的节点进行严格的控制，进行环环相扣的集成化施工。研发出的集中关键技术如下：

（1）超厚层专项黏结 + 工具式加强压固技术；

（2）加固加长特制膨胀螺栓固定及岩棉表面耐候处理技术；

（3）保温湿作防护干法、内外层一体化设计、施工技术。

2. 技术特点

（1）超厚层专项黏结 + 工具式加强压固施工技术。采用满堂薄式粘贴方式，克服了传统的胶粘剂布局不均匀问题，开发了加强压固新工具，成功解决了岩棉板与基层墙体不能有效黏结的难题。与国内现有技术相比，黏结牢固快捷、压固方便平整，既节约了工程造价又缩短了施工工期。

（2）加强加长加固特质锚栓固定及岩棉表面耐候处理新技术。通过现场实地调查研究以及精确力学计算得出超厚岩棉板固定锚栓数量、嵌入墙体的深度以及锚栓的长度、间距，确保干挂石材的安全性与稳定性；栓头附加增厚铝制传力垫片、岩棉板外表面全部锡箔封闭，提高了耐久性。与国内现有的技术相比，能有效地防止超厚岩棉板变形、脱落，保温板渗水现象的发生。

（3）保温湿作防护干法、内外层一体化设计施工新技术。统筹设计预埋件，再根据预埋件的平面布局，设计岩棉板排版，保证预埋件位于岩棉板块中部，减少切口破损等，与国内现有技术相比，一体化的施工方法增强了外墙系统的整体稳定性、安全性，缩短了工期，降低了施工成本。

（三）工艺原理分析

1. 采用超厚层专项黏结＋工具式加强压固技术，由于超厚岩棉板（厚度大于100mm），其自重大，可黏性差，后来研发设计了专用界面剂和高黏结度砂浆，全块满粘，再用工具式压板压实、压平。效率高、效果好，保证了超厚岩棉防火保温层的使用安全。

2. 采用加强加长加固特质膨胀螺栓固定超厚岩棉防火保温层及岩棉表面耐候处理技术，即为了承托超厚岩棉板自重和穿透岩棉板固定于主体结构，需要改变传统的塑料膨胀螺栓锚固，设计了铝制加长、加粗锚固栓和膨胀套栓头附加增厚铝制传力垫片，以便防腐；岩棉板外表面全部锡箔封闭，可以提升岩棉板的耐久性，延长使用寿命。

3. 采用保温湿作防护干法、内外层一体化设计、施工技术即在粘贴岩棉板之前，先根据石材干挂板墙面的荷载，统筹设计预埋件，再根据预埋件的平面布局设计岩棉板排版，保证预埋件位于岩棉板块中部，减少切口破损；岩棉板自下而上粘贴完成，即可进行石材干挂；预埋件与岩棉板穿洞周边干挂件与石材裁口之间全部漫灌保温防锈剂；石材块料拼缝之间后衬弹性耐候条前灌高档耐候胶。实现干挂件节点、预埋件、块料拼缝体系的一体化密封防渗，提升施工重量和整体美观耐候能力。

适用于住宅、酒店、场馆、会所等对外墙保温性能、低碳环保性能及外墙面装饰效果要求较高的建筑物。其中，外墙可为混凝土墙及各种砌体墙，也适用于各类既有建筑的节能改造、档次提升工程。

（四）施工工艺流程及施工技术

施工前的准备：通过力学计算确定预埋件的数量、平面布局；将岩棉板按照预埋件的布局进行数字化排版；通过力学计算确定特质锚栓的长度、数量，进行专业定做；配制准备专用界面剂和高强度黏结砂浆；专用压板工具准备；其他应做的准备工作。

1. 工艺流程

主要的施工工艺流程包括：基层处理→测量放线一→布置预埋件→岩棉板裁切、布置→固定岩棉板→岩棉板表面耐候处理→缝隙、孔洞密封→岩棉板隐蔽性检查、验收→测量放线二→安装石材龙骨→干挂石材→嵌入后衬条→打胶清理→专项验收。

2. 施工新工艺

（1）基本条件

严格遵循施工流程，严格按照设计标准来执行。尤其是项目最初的测量放线以及龙骨的安装，必须精确测量，严格监督安装。如果不能确保基础工作的准确性，后续工作将无法进行，或者产生较大失误，影响工程的质量、进度，浪费资源。测量放线，选用经纬仪和激光水准仪确保所放线的横平、竖直。放线完毕后让专门的人员进行检查、核对。龙骨必须严格按照所放线的位置进行安装，应聘用专业、有丰富经验的施工团队组织施工，保证龙骨安装的正确、安全、可靠性。

（2）预埋件的布置、安装原则

预埋件是承受荷载的主要构件，对全高满挂式花岗岩外墙面来说，预埋件的合理布局安装是影响岩棉板、龙骨以及石材安装的关键因素，在施工过程中应注意控制以下几点：

①施工准备阶段，根据石材干挂板墙面的荷载以及每个预埋件所能承受的荷载大小计算出所需预埋件的数量；

②结合测量放线，合理安排预埋件的平面布局；

③预埋件与墙体间的孔洞处用发泡剂填充；

④对预埋件的安全性、稳定性进行定量、定时动态监测。

3. 岩棉板的裁切、铺贴工艺

岩棉板在裁切、安装之前，先根据预埋件的平面布局，设计岩棉板排版，保证预埋件位于岩棉板块中部，减少切口破损。

4. 岩棉板的固定技术

岩棉板的固定采用双轨制：

①利用特质锚栓对岩棉板进行锚固。

本课题中岩棉板的厚度为 100mm，属于超厚岩棉板。且外墙为满挂石材，对保温层载荷承受能力要求较大，传统的膨胀螺栓不能满足要求。为此，我们开发设计了专用铝质加强、加长、加粗锚固栓和膨胀套，栓头附加增厚铝质垫片，以增强超厚岩棉防火保温板与基层墙体之间的锚固性能。

②特质锚栓长度的确定。

由内而外：

a. 特质锚栓安装入结构墙的深度：

$L1 > 60mm$

b. 基层墙体与岩棉板之间的厚度：

$L2 \approx 20mm$

c. 岩棉板厚度：

$L3=100mm$、

岩棉板膨胀螺栓的长度为：$L=L1+L2+L3$

由以上数据可得出：$L2 \geq 180mm$，取特质锚栓的长度为 200mm。

③特质锚栓数量的确定

特质锚栓的数量与每个锚栓承受荷载的大小以及所应承受的总的荷载大小有关，总荷载主要来自负风荷载的拉力和岩棉板、粘贴砂浆剪力。在确定特质锚栓数量时，我们不考虑胶粘剂以及其他构件对保温板的承载能力，仅以特质锚栓为锚固件计算单块保温板（规格为 1200×600×100mm）所需要的锚栓数量。

5. 超厚岩棉板粘贴施工新工艺

①岩棉板厚度为 100mm，本身自重大，可黏结性差；岩棉板外饰面又均为满挂石材，对保温层荷载承受能力进一步提高了要求。因此无论是点粘法还是条粘法都不能保证岩棉板与基层墙体之间有效的结合，易出现翘曲、松动、脱落等多种问题。

②开发出一种新型的粘贴工具，对岩棉板进行压实、压平，可以大大地增强岩棉板与基层墙体间的粘贴力度，效率高、效果好，保证了超厚岩棉防火保温层的使用安全。

6. 新型的粘贴工具使用方法

①将临时拉杆临时固定在预埋件 9 或者 10 上（就近、方便原则选择挂在上面还是下面）；

②将挂钩 8 挂在临时拉杆上，压板工具放在岩棉板上；

③通过按压压杆 6，传力到压板 3 进行压实岩棉板；

④通过单向自锁齿轮条件钢丝绳的长度，进而移动压板位置，将岩棉板全面压实；

⑤压实平整后将工具、临时拉杆取下，进行下一块岩棉板的压实。

此工具的优点是取代了传统的以手作为工具的岩棉板粘贴按压方法，工作效率、工作质量更高，工作方式更便捷，大大提高了超厚岩棉板保温层与基层墙体之间的黏结力度，增强了保温层的安全性、稳定性以及抗荷载能力，同时缩减了工期，节约了劳动力。

7. 岩棉板表面的耐候处理

岩棉板表面的耐候处理是保温层防水、防火、保温、耐久性的关键因素。选用锡箔作为岩棉板的防护层，岩棉板外表面全部锡箔封闭，锡箔由于其独特的防水、防潮、防张裂特性可以保护岩棉板不遭到破坏，提升岩棉板的耐久性，延长其使用寿命。

在施工的过程中也应注意以下几点。

①锡箔的完整性防护

预埋件、构件、螺栓等穿透锡箔时，应注意不要使锡箔遭到破坏，对于孔洞应立刻进行处理。

②不可裸露时间过长

锡箔裸露时间过长，容易造成风化，影响其防水、防潮、防张裂等的效果，所以锡箔粘贴完成后应尽快在其表面涂刷界面剂或保护砂浆。

③注意特殊部位锡箔的粘贴

注意阴阳角、窗台、阳台等特殊部位锡箔的粘贴，采取合理的裁切、翻包处理，确保搭接合理，缝隙处不渗水。

8. 缝隙、孔洞的密封处理

要达到防雨、防潮，在具体的施工过程中注意采取防水、防潮措施。例如，在岩棉板施工完的顶部未挂石材打胶之前，用塑料布苫盖好防止下雨渗漏到岩棉板内侧。

另外，在施工过程中，由于预埋件、连接件以及螺栓等与保温层之间造成的孔洞、缝隙应立刻做好密封处理，防止雨水、潮湿天气保温层渗水现象的发生，预埋洞周边，干挂件与石材裁口之间全部漫灌保温防锈剂，保证构件不锈蚀，增强构件耐久性。

9. 超厚岩棉板与石材的施工新技术

①在粘贴岩棉板之前，先根据石材干挂板墙面的荷载，统筹设计预埋件，数字化布局；

②根据预埋件的平面布局，设计岩棉板排版，保证预埋件位于岩棉板块中部减少切口破损；

③岩棉板自下而上粘贴完成，即可安装龙骨、干挂石材；

④石材块料拼缝之间嵌堵弹性耐候内衬条，前灌高档耐候胶；

⑤干挂节点、预埋件空隙满灌密封、防渗黏结剂，并进行清理。

10. 石材与岩棉板之间的空隙处理

①为防止石材与岩棉板之间的空隙造成空洞现象，增大风荷载以及确保渗水及时排除，不渗透到岩棉板，在石材与岩棉板之间增设支架式镀锌钢板，一端钉在预埋件上，另一端搭在横向角钢龙骨上，也可以作为层间防火隔离带使用。

②应注意对岩棉保温板成品的保护，防止重物撞击对保温板造成的破坏，如发现有破损的岩棉板，应立即进行更换。

③各种施工作业程序应按照计划合理、紧密、有序地进行，严禁出现颠倒作业的情况。

（五）施工质量控制

1. 岩棉板的质量控制措施

（1）进场前对岩棉板出厂合格证及检测报告等进行检测，确保符合使用规范。

（2）确保岩棉板上墙前的完整性，无损坏、无破损。

（3）岩棉板安装时，用冲击钻打孔应注意不要用力过大，进行适当的控制，防止对岩棉板造成破坏。

2. 岩棉板与墙体的黏结性控制措施

（1）对基层墙体进行清理。

（2）检查专用界面剂及高强度黏结砂浆的出厂合格证及检测报告。

（3）砂浆涂抹时，注意涂抹的方向与顺序，按照合理的工序进行涂抹，以及每一次涂抹之间的有效衔接。

（4）压板工具合理使用，压实后进行黏结性检测。

3. 岩棉板的铺贴控制措施

（1）计算出建筑物每一段保温板加外墙的尺寸，铺贴完成后保温板的实际尺寸应该比预先计算的尺寸每边各大 5 ~ 10mm，即保温板的大小应大于墙体的大小，以更好地保证建筑物的保温性能。

（2）阳角保温板在安装时，保温板角的两边应该距墙角的水泥垫块之间留出10 ~ 20mm 的间隙。

（3）阳台、窗台等特殊位置，岩棉板的铺贴严格按照标准进行。

4. 结构体系的耐候、耐久性控制措施

（1）检查满灌胶粘材料的出厂合格证及检测报告。

（2）每一道工序完成后，都应该进行严格的检测，尤其是保温防锈胶以及超强耐候胶的检测，确保孔洞、缝隙不渗水，构件不锈蚀。

5. 保温层、石材集成施工控制措施

（1）预埋件合理计算，数字化布局。

（2）岩棉板根据预埋件布局，进行铺贴，确保预埋件位于岩棉板中间附近。

（3）岩棉板安装完成后立刻进行龙骨、石材的安装。

（4）石材安装完成后统一打胶、密封、清理。

四、顶置热辐射节能楼面施工技术集成

（一）顶置热辐射节能楼面施工集成体系

顶置热辐射节能楼面是新能源供热采暖系统的重要组成部分。随着我国走可持续发展资源节约型道路，绿色建筑成了有效降低能耗，节能减排的中坚力量，而采用节能、节地、省钱等多种优势的热辐射节能楼面采暖系统的应用将越来越广泛。

本书所研究的顶置热辐射节能楼面采暖，是一种将热辐射盘管埋设于混凝土结构层中下方，管内不断循环流动小于等于 60T 的低温热水，进而提高天棚板的温度，上升到 28 丈左右，天棚板温度上升之后，通过自上而下辐射和对流的方式向室内散热供暖。热辐射盘管中的低温热水由地源热泵机房集中供给。这种供热方式与传统的供热、供暖方式相比有诸多显著的特点。

（1）高效节能，热稳定性好，运行费用低。热效率提高 20% ~ 30%，即可以节省20% ~ 30% 能耗。

（2）舒适、卫生、保健。在多种热流的作用下，形成人们感觉最舒适的热环境。

（3）节约空间、美化居室。室内不再用安装暖气片及相应的管道等，提高了室内空间的利用率，更加便于装修和家居布置，美化了室内环境。

（4）低温热水辐射楼面（简称热辐射节能楼面）采暖系统将逐步成为住宅建筑供暖的主要方式，其应用前景广泛。

（二）关键技术研发

1. 关键技术

在一些热辐射楼面采暖工程中，设计、施工和运行各阶段均存在一些问题。尤其是施工阶段的技术不先进，严重影响着今后热辐射节能楼面采暖系统的安全性、稳定性。如管网管件损伤、渗漏、耐久性差、流量不稳、管口切口有残渣、管线周边混凝土塑性沉降等问题。

为了防止上述问题的出现，进而影响工程质量，我们在实际操作中研发出了以下几点关键技术：

（1）高级 PB 管材地热管网无接口自补偿连弯技术；

（2）热辐射盘管“三防”施工技术（防弯头径失、防水平变位、防正交节点损伤）；

（3）断口处残渣、毛刺处理技术；

（4）定位卡与异管分离施工技术。

2. 技术特点

（1）无接口自补偿连弯型 PB 高级管材热辐射管网铺设集成施工技术：控制盘管的围弯、间距定位和接头处理质量，能更有效地防止高温高压下管网渗漏，合理控制流量，延长使用寿命，提升施工质量，节约运行成本。

（2）热辐射盘管的“三防”施工技术：标距线的偏差控制值在 ±10mm 以内，底筋安装的平整度较高，高差的偏差在 ±5mm 以内，均高于现行《地面辐射供暖技术规程》（JGJ142—2004）、北京市低温热水地板辐射供暖应用技术规程（DBJT0149—2000）的要求。采用了 PB 高级管材，柔韧性优越，加之不小于 12d 的围弯半径，保证弯头处无径失。

（3）断口处残渣、毛刺处理技术：能够提升切口平整，断口面垂直程度，保障了断口畅通、流量不损失，既提高工效，又保证工程质量。

（4）定位卡与异管分离施工技术：能够减少或避免因管体弹性起伏造成的管周混凝土楼盖的塑性沉降裂缝，提升钢筋混凝土楼盖的可靠性和混凝土的耐久性，节约维修费用。

（三）工艺原理分析

（1）无接口自补偿连弯型 PB 高级管材地热管网敷设集成施工技术，采取直列型连弯回路敷设方式，通过绘制盘管线位走向图及盘管弯曲半径、水平间距、平整度的施工技术集成创新实施，达到合理控制流量、避免盘管渗漏、节约运行成本的目的。

（2）集成热辐射盘管“三防”施工技术，即防弯头径失、防水平变位、防正交节点损伤，通过 PB 高级管材弯曲直径控制新工艺、波纹保护套管、钢筋绑扎定位及尼龙扎带施工控制技术，达到“三防”效果。

（3）集成的断口残渣、毛刺处理技术，采用高级管剪刀垂直切割技术及断口接头保护新工艺，保障了断口平滑、切口平整无毛刺和残渣。

（4）定位卡与异管分离施工技术，通过定位卡与盘管集成施工技术，在盘管弯头两端设定固定卡，盘管间距固定卡定位施工技术，异管分离卡固，从而限制管线弹性起伏，达到控制混凝土楼盖塑性沉降引起的裂缝的问题。

（四）施工工艺流程及新施工技术

1. 施工工艺流程

顶置热辐射节能楼面集成施工技术的主要工艺操作包括主管道安装、盘管定位、涂描盘管线位走向、钢筋绑扎定位、盘管的敷设盘制、盘管打压试验、带压浇筑混凝土、盘管断口处平整处理、正交节点套管保护及结构预留预埋等。

2. 施工新技术

（1）管道布置新工艺

从热工特性的角度出发，在外墙边、窗口等能耗比较高的建筑部位优先布置水温较高的进水管，增大热量消耗比较大的部位的供热量，从而实现温度均衡地传递到室内的效果。

（2）热辐射楼面盘管定位新工艺

①热辐射节能楼面盘管的连弯回路方式

常用的回路方式有直列连弯型、旋转连弯型、往复连弯型。

a. 旋转型的连弯水管平行布置，管道弯曲半径均呈 90°，阻力损失较小，但是盘管的线位绘图麻烦，且自补偿性差，不适用于中小房间。

b. 往复连弯型的布置比较适用于商场、游泳馆等大面积布置的场合，但均衡性差。

c. 直列连弯型的优点是盘管的线位绘图简单，省时省工，温度较高的供水管可以布置在靠墙的外侧，自补偿型好，供热均衡，适用于中小房间，其缺点是管道弯曲半径太小，盘管间距不能太小，且水流呈 180° 拐弯，有径缩时会增加系统的阻力。但本工程采用的是PB高级管材（俗称“黄金管”），其柔软性极好，连弯几乎无径失，而且耐温性优良、耐久性强，是世界上最尖端的化学材料之一。

d. 综合上述各自特点，本工程采用了直列连弯型盘管敷设的方式。

②涂描盘管线位图（防热辐射节能楼面盘管水平变位）

在土建已支好的模板上，精确涂描盘管线位走向图。

3. 直列连弯型盘管敷设施工要点（无接口连弯敷设）新工艺

①钢筋绑扎定位

等待热辐射节能楼面盘管线位走向的漆稍干后按下列方法绑扎楼板结构的底部钢筋。

a. 清理模板上的杂物，弹钢筋位置线。

b. 铺设楼板底部钢筋，采用“八字扣”绑扎，所有交点全部绑牢。

c. 采用专用垫块，确保楼板钢筋混凝土保护层厚度和钢筋定位。

钢筋绑扎定位是盘管定位的保障，对防止盘管水平、垂直变位作用重大。

②顶置热辐射节能楼面盘管的敷设盘制工艺技术

a. 结构底部钢筋绑扎完毕后将 PB 管直接按上道工序描绘的线位和走向绑扎在楼板结构的底部钢筋上。楼板结构底部钢筋完成后盘管随即施工。

b.PB 管在铺设过程中应按照规范要求控制回路内接头以及管道间距离的偏差，保持整体的平整性及管道内水流的流通性，弯道处应缓慢弯曲，避免出现硬弯，造成水流不畅。PB 管铺设完毕后，应注意对成品的保护，不得随意踩踏。

c.PB 管出楼板及穿梁处要加套管进行保护，套管长度为穿过点前后各不少于 0.5m（防正交节点损伤）。

d. 根据图纸要求将盘管固定在钢筋下，盘管与钢筋采用尼龙绑扎带进行固定，尼龙绑扎带直管段间距不大于 400mm，转弯处间距不大于 200mm（放水平变位）。

4. 热辐射楼面盘管的断口平整处理要点（残渣、毛刺处理技术）

①盘管需要切割时，采用热辐射节能楼面盘管专用剪切工具——高级管剪刀垂直切割，切口断面应平整，无毛刺并垂直于管轴线。

②若断口接头处暂时不接设备、支管等，应采取保护措施（如采用胶带密封），以避免杂物进入，堵塞管道，对以后采暖产生不良的后果。

5. 热辐射采暖管道试压、冲洗新工艺

盘管敷设完成以后，应首先对每个回路的管道进行强度密封性实验，实验通过后再进行下一道工序，浇筑混凝土。验收合格后系统压力降至 0.8MPa，浇筑混凝土时保持充气压力 0.4MPa 带压浇筑混凝土（防损伤渗漏）。待混凝土完全凝固以后方可进行泄压。

6. 结构预埋、预留施工新工艺（防正交节点损伤）

①根据图纸绘制相应结构留洞、套管图和洞口、套管检查表，供施工和检查使用。加强对图纸的熟悉程度，对本专业管路的走向形成立体的认识。

②采暖专业应会同电气、通风、结构等专业技术人员，结合各专业图纸审核预留洞有无冲突的问题，发现问题及时通过设计进行解决。

③注意留洞尺寸，必须符合有关规范和设计图中关于间距的要求。

④采暖专业人员必须随工程进度密切配合土建专业做好预留洞口工作。注意加强检查管道位置，绝不能有遗漏。

⑤为了防止出现遗漏和错留的情况应首先进行间距、尺寸以及位置的核对，待核对完全无误后填写预留洞交底一览表，在现场施工过程中应严格按照该表实施操作，如有变更应及时与技术、施工人员沟通，及时调整，避免出现错误。

⑥烧筑混凝土时应有专人看护，保证盘管完好无损，位置按照提前所放施工线路施工。

⑦凡属预埋管槽的，其直径与管外径的间隙不得超过30mm，遇有需切断钢筋的情况时，必须预先征得有关部门的同意及采取必要的补救措施后，方可进行后续工作。

⑧主管穿梁、穿钢筋混凝土墙时，应预埋套管或预留孔洞。套管和管道净距为20mm。穿楼板的套管下面与楼板齐，上面高出完成地面100mm，安装在墙壁上的套管端头应与饰面相平。

⑨预埋上下层钢套管时，中心线需垂直，套管不能直接和主筋焊接，应采取附加筋形式，附加筋和主筋焊接。安装主管的套管时，应检验套管的位置是否正确。

（五）施工质量控制

热辐射盘管位于结构楼板内部，一旦出现问题，将很难进行处理，若拆除进行盘管修复，不仅对热辐射盘管有不良的影响，对建筑物的顶板结构也会造成破坏，因而盘管铺设完成后的成品保护是在施工过程中应重点注意的环节。

（1）控制不得进行焊接等加热作业、埋件尽量采用机械连接，如遇必须在楼板上进行打洞、钻孔时可以现在楼板上进行粘钢处理，避免热辐射盘管遭到破坏。

（2）盘管在敷设过程中避开预留洞口、套管等部位，以免预留部位产生偏位对盘管造成破坏。

（3）采暖、制冷预埋管线工程质量保证措施：

盘管铺设完成后，尤其要注意对成品的保护，不得随意行走、踩踏。不得在上面有任何的焊接、加热施工，材料不得随意地堆积在盘管上面，以免盘管遭压迫产生破裂。楼板混凝土建筑过程中，应注意采用平板振捣避免振捣棒对盘管的破坏，并派专人进行现场监督施工，确保铺设完成后的热辐射盘管不会遭到破坏。

再生能源建筑温控体系，在绿色建筑设计上将地源热泵系统、天棚辐射采暖楼面、冷风吸尘系统、加厚A级防火保温板外保温系统等进行组合，施工过程中涉及孔井一体化施工技术、流动载体传输环路的并联设计和集合管流量专门控制体系的施工新技术、动力系统降噪控制技术、热泵循环系统新型自动放气阀防堵罐施工控制技术，将这些技术进行集成，形成了建筑物、温控设备、绿色施工一体化的系统工程，确保了温控体系得以顺利运行。

复合功能植被顶板施工集成体系是将超厚复合层施工技术；耐根穿复合胎基施工技术；天棚网格布找平层刮糙技术；配土、排水与围池种植施工技术等施工技术进行集成，从而解决了复合功能植被顶板存在渗水、漏水、顶棚脱落、种植区下部顶板被植物根系穿透致使防水、保温甚至结构层遭破坏等诸多问题。

中置式超厚岩棉防火保温层施工集成体系是将超厚层专项黏结＋工具式加强压固技

术；加固加长特制膨胀螺栓固定及岩棉表面耐候处理技术；保温湿作防护干法、内外层一体化设计、施工技术进行集成，满足了建筑物保温性能的同时保持外墙面的美观性。顶置热辐射节能楼面施工集成体系，是将高级PB管材地热管网无接口自补偿连弯技术；热辐射盘管“三防”施工技术（防弯头径失、防水平变位、防正交节点损伤）；断口处残渣、毛刺处理技术；定位卡与异管分离施工技术四项关键技术进行集成，解决了管网管件损伤、渗漏、耐久性差、流量不稳、管口切口有残渣、管线周边混凝土塑性沉降等问题，将新能源供热采暖系统顺利引入建筑中去，实现打造全寿命周期绿色建筑的目的。

本节在技术研究的基础上，对四种施工技术集成体系的工艺原理、施工操作流程以及施工要点进行了详细的介绍与论述，以工程实例为背景，提出了施工质量、安全、环境保护等一系列严格的控制措施，以保证绿色建筑的支撑技术系统都能够良好的运行，实现建筑的绿色功能。

第五章　绿色施工与建筑信息模型（BIM）

绿色节能建筑施工需要在传统的进度、质量、费用安全施工目标上考虑节能环保、以人为本、绿色创新等目标。目前国内绿色施工多以传统的施工流程为基础，存在管理模式落后、绿色建筑全寿命周期功能设计和成本考虑不足致使绿色建筑各阶段的方案优化、选择混乱的问题，给后期的运营维护增添很多负担。因此，对绿色建筑施工进行优化是很有必要的。在本章，我们将就绿色施工与建筑信息模型的相关内容进行介绍。

第一节　绿色施工

绿色节能建筑是指在建筑的全寿命周期内，最大限度地节约资源节能、节地、节水、节材、保护环境和减少污染，为人们提供健康、适用和高效的使用空间，与自然和谐共生的建筑。如今，快速的城市化进程、巨大的基础建设量、自然资源及环境的限制决定了中国建筑节能工作的重大意义和时间紧迫性，因此建筑工程项目由传统高消耗发展向高效型发展模式已成为大势所趋，而绿色建筑的推进是实现这一转变的关键所在。绿色节能建筑施工，符合可持续发展战略目标，有利于革新建筑施工技术，最大化地实现绿色建筑设计、施工和管理，以获取更大的经济效益、社会效益和生态效益，优化配置施工过程中的人力、物力、财力，这对于提升建筑施工管理水平，提高绿色建筑的功能成本效益大有裨益。

一、绿色施工面临的问题

（一）绿色节能建筑施工的特点

绿色建筑施工与传统施工相比，存在相同点，但从功能性方面和全寿命周期成本方面的要求有很大不同。对比传统施工并结合国内外文献和绿色施工案例。分析其相同点，并从施工目标、成本降低出发点、着眼点、功能设计、效益观以及效果六个方面分析两者之间的差异，可以看出绿色建筑施工在建筑功能设计以及成本组成上考虑了绿色环保以及全寿命周期及可持续发展等因素。在与传统施工的异同点对比的基础上，可以看出绿色施工具有四个特点。

1. 以客户为中心，在满足传统目标的同时，考虑建筑的环境属性

传统建筑是以进度、质量和成本作为主要控制目标，而绿色建筑的出发点是节约资源、保护环境，满足使用者的要求，以客户的需求为中心，管理人员需要更多地了解客户的需求、偏好、施工过程对客户的影响等，此处的客户不仅包括最终的使用者，还包括潜在的使用者、自然者等。传统建筑的建造和使用过程中消耗了过多的不可再生资源，给生态环境带来了严重污染，而绿色建筑正因此在传统建筑施工目标基础上，优先考虑建筑的环境属性，做到节约资源、保护环境、节省能源，讲究与自然环境和谐相处，采取措施将环境破坏程度降到最低，进行破坏修复，或将不利影响转换为有利影响；同时为客户提供健康舒适的生活空间，以满足客户体验为另一目标。最终的绿色建筑不仅要交付一个舒适、健康的内部空间，也要制造一个温馨、和谐的外部环境，追求“天人合一”的最高目标。

2. 全寿命周期内，最大限度利用被动式节能设计与可再生能源

不同于传统的建筑，绿色建筑是针对建筑的全寿命周期范围，从项目的策划、设计、施工、运营直到建筑物拆除保护环境、与自然和谐相处的建筑。在设计时提倡被动式建筑设计，就是通过建筑物本身来收集、储蓄能量使得与周围环境形成自循环的系统。这样能够充分利用自然资源，达到节约能源的作用。设计的方法有建筑朝向、保温、形体、遮阳、自然通风采光等。现在节能建筑的大力倡导，使得被动式设计不断被提及，而研究最多的就是被动式太阳能建筑。在建筑的运营阶段如何降低能耗、节约资源，能源是最为关键的问题，这就需要尽量使用可再生的能源，做到一次投入，全寿命周期内受益，例如将光能、风能、地热等合理利用。

3. 注重全局优化，以价值工程为优化基础保证施工目标均衡

绿色建筑从项目的策划、设计、施工、运营直到建筑物拆除过程中追求的是全寿命周期范围内的建筑收益最大化，是一种全局的优化，这种优化不仅是总成本的最低，还包括社会效益和环境效益，如最小化建筑对自然环境的负面影响或破坏程度，最大化环保效益、社会示范效益。绿色施工虽然可能导致施工成本增大，但从长远来看，将使得国家或相关地区的整体效益增加。绿色施工做法有时会造成施工成本的增加，有时会减少施工成本。总体来说，绿色施工的综合效益一定是增加的，但这种增加也是有条件的，建设过程中有各种各样的约束，进度、费用、环保等要求，因此需要以价值工程为优化基础保证施工目标均衡。

4. 重视创新，提倡新技术、新材料、新器械的应用

绿色建筑是一个技术的集成体，在实施过程中会遇到诸如规划选址合理、能源优化、污水处理、可再生能源的利用、管线的优化、采光设计、系统建模与仿真优化等技术问题。相对于传统建筑，绿色节能建筑在技术难度、施工复杂程度，以及风险把控上都存

在很大的挑战。这就需要建筑师和各个专业的工程师共同合作，利用多种先进技术、新材料及新器械，以可持续发展为原则，追求高效能、低能耗将同等单位的资源在同样的客观条件下，发挥出更大的效能。国内外实践中应用较好的技术方法有BIM、采光技术、水资源回收利用等技术。这些新技术应用可以提高施工效率，解决传统施工无法企及的问题。因此，绿色施工管理不仅需要理念上的转变，也需要施工工艺和新材料、新设施等的支持。施工新技术、材料、机械、工艺等的推广应用不仅能够产生良好的经济效益，而且能够降低施工对环境的污染，创造较好的社会效益和环保效益。

（二）绿色节能建筑施工关键问题

从绿色节能建筑的特点可以看出绿色节能建筑施工是在传统建筑施工的基础上加入了绿色施工的约束，可以将绿色施工作为一个建筑施工专项进行策划管理。根据绿色施工的特点、绿色施工案例和文献，结合LEED标准及建设部《绿色施工导则》等标准梳理出绿色节能建筑施工关键问题，这些问题是现在施工中不曾考虑的，也是要在以后的施工中予以考虑的。因此，本书将这些绿色管理内容进行汇总，从全寿命周期的角度进行划分，可分为概念阶段的绿色管理、计划阶段的绿色管理，施工阶段的绿色管理以及运营阶段的绿色管理。

1. 概念阶段的绿色管理

项目的概念阶段是定义一个新的项目或者既有项目开展的一个变更的阶段。在绿色施工中，依据“客户第一，全局最优的”理念，可以将绿色施工概念阶段的绿色管理工作分成4部分。首先，需要依据客户的需求制作一份项目规划，将项目的意图、大致的方向确定下来；其次，由业主制定一套项目建议书，其中绿色管理部分应包含建筑环境评价的纲要、制定环境评价的标准、施工方依据标准提供多套可行性方案；再次，业主组织专家做好可行性方案的评审，对于绿色管理内容，一定要做好项目环境影响评价，并从中选出一套可行性方案；最后，业主需要确定项目范围，依据项目范围做好项目各项计划，包括绿色管理安排，另外设定目标，建立目标的审核与评价标准。该阶段以工程方案的验收为关键决策点，交付物为功能性大纲、工程方案及技术合同、项目可行性建议书、评估报告及贷款合同等。

2. 计划阶段的绿色管理

当项目论证评估结束，并确定项目符合各项规定后，开始进入计划阶段，需要将工程细化落实，但不仅是概念阶段的细化，它更是施工阶段的基础。此阶段需要做好三方面工作：第一，征地、拆迁以及招标；第二，选择好施工、设计、监理单位，并邀请业主、施工单位、监理单位有经验的专家参与到设计工作中，组织设计院对项目各项指标参数进行图纸及模型化，并做好相应管理计划，包括资源、资金、质量、进度、风险、环保等计划，此过程会发生变更，各方必须做好配合和支持工作，组织专家对设计院提交的设计草图和施工图进行审核；第三，做好项目团队的组建，开始施工准备，做好“七通一平”（通电、通水、通路、通邮、通暖气、通信、通天然气以及场地平整）。此阶段以施工图及设计说明书的批准为关键决策点，交付物为项目的设计草图、施工图、设计说明书以及项目人员聘用合同。

3. 施工阶段的绿色管理

在设计阶段评审合格后，需要将图纸和模型具体化，进行建造施工以及设备安装。施工方应组织工程主体施工并与供应商进行设备安装。此时，主要责任部门为施工方，设计部门做好配合和支持工作，业主与监理部门做好工程建设过程的监督审核工作，并做好变更管理和过程控制。此阶段是资源消耗与污染产生最多的阶段，因此在此阶段施工单位需采取四项重要措施：第一，建立绿色管理机制；第二，做好建筑垃圾和污染物的防治和保护措施；第三，使用科学有效的方法尽可能地利用能源；第四，业主与监理部门做好工程建设过程的跟踪、审核、监督与反馈工作，特别是对绿色材料的应用以及污染物的处理。此阶段以建安项目完工验收为关键决策点，交付物为建安工程主要节点的验收报告以及符合标准的建筑物、构筑物及相应设备。

4. 运营阶段的绿色管理

运营维护阶段是绿色节能建筑经历最长的阶段。建安项目结束后，需要对仪器进行调试，培训操作人员，业主应组织原材料，与工程咨询机构配合，做好运营工作；当建筑达到设计寿命期限，需要做好拆除以及资源回收的工作；在工程运行数年之后按照要求进行后评价，具体是三级评价即自评、同行评议以及后评价，目的是提炼绿色节能建筑施工运营工作中的最佳实践，进一步提升管理能力，为以后的绿色建筑建设运营做先导示范作用。此阶段交付物为工程中的技术、系统成熟度检验报告，三级后评价报告，维管合同、拆除回收计划、符合标准要求的建筑物、构筑物、设备、生产流程，以及懂技术、会操作的工作人员。

二、基于 BIM 及价值工程的施工流程优化

（一）绿色施工流程优化

从目前绿色施工企业面临的现状及问题可以看出，当前绿色建筑施工对绿色节能建筑全寿命周期功能性设计和成本方面要求考虑不足，在绿色环保、全寿命周期及可持续发展因素上有待加强，在接到甲方提供的建筑需求图纸和绿色功能要求能否实施，材料、方案能否可以应用，经济功能能否满足需求这些都是有待考证的。引入这些施工要素势必引起施工成本增加、流程变复杂，施工周期、风险也相应会加大，如何在多重约束下实现绿色目标是需要权衡成本和功能的，并且在方案确定之后由于甲方在建筑性能及结构上的独特需求，往往造成方案施工难度大，稍有不慎又会引起返工导致高昂的造价费

用。因此，前期在初步设计接到概念性的设计图纸之后就对拟选用的方案做好全寿命周期功能及成本平衡分析，从设计源头就选择功能成本相匹配的方案，基于此，在以后的设计阶段不断增加设计深度，在施工图纸出具之后在施工前，对设计进行深化，提高专业的协同、模拟施工组织安排，合理处置施工的风险，减少施工返工、保障施工一步到位，可以对绿色施工目前面临的重视施工阶段、缺乏合理的功能成本分析以及施工流程与绿色认证要求不匹配问题进行应对。

现有的施工流程中缺少方案选择和设计深化部分，可以考虑在整个管理流程上分别增加环节，重点是在初设阶段引入方案的选择与优化，鉴于价值工程强大的成本分析、功能分析、新方案创造及评估的作用以及国际上 60 余年实践中低投入高回报的优势，从绿色建筑全寿命周期的角度入手给出功能定义和全寿命周期成本需要考虑的主要因素，利用价值工程在多目标约束下均衡选优的作用，对业主提供的绿色施工方案从全寿命周期的功能与成本分析，做到从最初阶段入手，提高项目方案优化与选择的效率和效益，同时可以利用方案选择与优化的过程与结果说服甲方和设计方，可作为变更方案的依据。

尽管通过方案优化选择确定施工方案后由于建筑结构复杂性、施工难度等问题使得传统施工不能发挥很好的作用，可以在施工前加入方案的深度优化，利用 BIM 强大的建模、数字智能和专业协同性能，进行专业协同、用能模拟，施工进度模拟等对施工方案进行深化，合理安排施工。最后将管理向运营维护阶段延伸，最终移交的不但是建筑本身，相应的服务、培训、维修等工作也要跟上，对施工流程的优化，虚框的内容是添加的流程。需要说明的是，价值工程及 BIM 的应用可以贯穿全寿命周期，只是初步设计阶段之后和施工前是价值工程和 BIM 最重要的应用环节，因此将这两个环节加入原有的施工流程。下面将对添加的方案优化与选择环节和 BIM 对设计的深度优化环节做重点介绍。

（二）基于价值工程的施工流程优化

在初步设计施工企业接到概念性的设计图纸之后就需要对拟选用的方案做好全寿命周期功能及成本平衡分析，从设计源头就选择功能成本相匹配的方案，基于此在以后的设计阶段不断增加设计深度。价值工程的主要思想是整合现有资源，优化安排以获得最大价值，追求全寿命周期内低成本高效率，专注于功能提升和成本控制，利用量化思维，将无法度量的功能量化，抓住和利用关键问题和主要矛盾，整合技术与经济手段，系统地解决问题和矛盾，在解决绿色建筑施工多目标均衡、提升全寿命期内建筑的功能和成本效率以及选择新材料新技术上有很好的实践指导作用。因此，可以在绿色施工的概念设计出具之后增加新的流程环节，组织技术经济分析小组对重要的方案进行价值分析，寻求方案的功能与成本均衡。价值工程在方案优化与选择环节中主要用途为：挑选出价值高、意义重大的问题，予以改进提升和方案比较、优选。其流程为：第一，确定研究对象；第二，全寿命周期功能指标及成本指标定义；第三，恶劣环境下样品试验；第四，价值分析；第五，方案评价及选择。

（三）绿色节能建筑施工流程优化应用

鉴于 BIM 技术强大的建模、数字智能和专业协同性能以及国际上 10 余年工程建设实践中低投入、高回报的优势，BIM 在追求全寿命周期内低成本、高效率，专注于功能提升和成本控制，利用量化思维，将细节数据全部展现出来，其目标以最小投入获得最大功能，这与绿色建筑施工的追求全寿命期内建筑功能和成本均衡、运用新技术特点是相一致的，因此可以将 BIM 技术作为绿色施工中的一项新技术在施工图纸出具之后施工开始之前引入施工中，在施工流程中增加一个设计深化的流程环节，组织 BIM 工作小组，将施工设计进行深度优化，保障施工顺利进行。

第二节　建筑信息模型（BIM）

建筑信息模型是参数化的数字模型，能够存储建筑全生命周期的数据信息，应用范围涵盖了整个 AEC 行业。BIM 技术大大提高了建筑节能设计的工作效率和准确性，一定程度上减少了重复工作，使工程信息共享性显著提高。但是，相关 BIM 软件之间互操作性较差，不同软件采用不同的数据存储标准，在互操作时信息丢失严重，形成信息孤岛。建立开放统一的建筑信息模型数据标准是解决信息共享中“信息孤岛”问题的有效途径。

一、基于 BIM 技术的绿色建筑分析

（一）国内外绿色建筑评价标准

1. 国内外绿色建筑评价标准

随着社会经济的发展，人们对环境特别是居住的舒适性提出了更高的需求，绿色建筑的发展越来越受到人们的关注，绿色评价体系也随之出现。目前已经出台的评价体系有 LEED 体系、BREEAM 体系、C 体系、CAS BEE 体系以及我国的绿色建筑评价体系。

（1）英国 BREEAM 绿色建筑评价体系

BREEAM 体系由 9 个评价指标组成，并有相应权重和得分点，其中“能源”所占比例最大。所有评价指标的环境表现均是全球、当地和室内的环境影响，这种方法在实际情况发生变化时不仅有利于评价体系的修改，也易于评价条款的增减。BREEAM 评

定结果分为四个等级，即“优秀”“良好”“好”“合格”四项。这种评价体系的评价依据是全寿命周期，每一指标分值相等且均需进行打分，总分为单项分数累加之和，评价合格由英国建筑研究机构颁发证书。

（2）美国 LEED 绿色建筑评价体系

LEED 评价体系是由美国绿色建筑委员会（USC）制定的，对建筑绿色性能评价基于建筑全寿命周期，LLED 评价体系的认证范围包括新建建筑、住宅、学校、医院、零售、社区规划与发展、既有建筑的运维管理，这五个认证范围都是从五大方面进行分析，包括可持续场地、水资源保护、能源与大气、材料与资源、室内环境质量。LEED 绿色评价体系较完善，未对评价指标设置权重，采用得分直接累加，大大简化了操作过程。LEED 评价体系的评价指标包括室内环境质量、场地、水资源、能源及大气、材料资源和设计流程的创新。LEED 评价体系满分 69 分，分为合格（26 ~ 32）、银质（33 ~ 38）、金质（39 ~ 51）、白金（52 分以上）四类。

（3）德国 DGNB 绿色建筑评价体系

德国 DGNB 绿色建筑评价体系是政府参与的可持续建筑评估体系，该评价体系由德国交通运输部、建设与城市规划部以及德国绿色建筑协会发起制定，具有国家标准性质和较高的权威性。DGNB 评价体系是德国在建筑可持续性方面的结晶，DGNB 绿色建筑评价标准体系有以下特点：第一，将保护群体进行分类，明确的保护对象包括自然环境资源、经济价值、人类健康和社会文化影响等。第二，对明确的保护对象制定相应的保护目标，分别是保护环境、降低建筑全寿命周期的能耗值以及保护社会环境的健康发展。第三，以目标为导向机制，把建筑对经济、社会的影响与生态环境放到同等高度，所占比例均为 22.5%。DGNB 体系的评分规则详细，每个评估项有相应的计算规则和数据支持，保证了评估的科学和严谨，评估结果分为金、银、铜三级，> 50% 为铜级，> 65% 为银级，> 80% 为金级。

2. 国内绿色建筑评价标准

我国绿色建筑评价标准相比其他发达国家起步较晚，由当时的建设部发布我国第一版《绿色建筑评价标准》，绿色建筑评价体系是通过对建筑从可行性研究开始一直到运维结束，对建筑全寿命周期进行全方位的评价，主要考虑建筑资源节约、环境保护，材料节约、减少环境污染和环境负荷方面，最大限度地节能、节水、节材和节地。

近年来我国绿色建筑发展迅速，绿色建筑的内涵和范围不断扩大，绿色建筑的概念及绿色建筑技术不断地推陈出新。旧版绿色建筑评价标准体系存在一些不足，可概括为三个方面：第一，不能全面考虑建筑所处地域差异；第二，项目在实施及运营阶段的管理水平不足；第三，绿色建筑相关评价细则不够针对性。基于上述情况，住房和城乡建设部颁布了新版《绿色建筑评价标准》。新版《绿色建筑评价标准》借鉴了国际上比较先进的绿色建筑评价体系，在评价的准确性、可操作性、评价的覆盖范围及灵活性等几个方面都有了较大的进步，同时考虑我国目前的实际情况，增加对管理方面的考虑，在灵活性和可操作性方面均有所提升。

3. 绿色建筑评价指标体系

建立 BIM 指标体系需将《绿色建筑评价标准》（以下简称《标准》）中条文数字化，《标准》中条文可分为两种数据类型：布尔型（假或真）、数值型。数值型标准。如《标准》4.1.4 规定：建筑规划布局应满足日照要求，且不得降低周边建筑日照标准；4.2.6 规定：场地内通风环境有利于室外行走、活动舒适和建筑的自然通风，建筑周围人行区域风速小于 5 m/s，除第一排建筑外，建筑迎风与背风表面风压不大于 5 Pa，场地内人活动区域不出现涡旋，50% 以上可开启窗内外风压差不大于 0.5 Pa；公共建筑房间采光系数满足现行国家标准《建筑采光设计标准》中办公室采光系数不低于 2%、建筑朝向宜避开冬季主导风向、考虑整体热岛效应、有利于通风等，相关指标均可以通过 BIM 模型与分析软件通过互操作实现。

（二）基于 BIM 技术绿色建筑分析方法

1. 传统绿色建筑分析流程

通过对传统的建筑设计流程和建筑绿色性能评价流程的分析，传统的建筑绿色性能评价通常是在建筑设计的后期进行分析，模型建立过程烦琐、互操作性差，分析工具和方法专业性较强，分析数据和表达结果不够清晰直观，非专业人员识读困难。

可以看出，传统分析开始于施工图设计完成之后，这种分析方法不能在设计早期阶段指导设计。若设计方案的绿色性能分析结果不能达到国家规范标准或者业主要求，会产生大量的修改甚至否定整个设计方案，对建筑设计成果的修改只能通过“打补丁”进行，且会增加不必要的工作和设计成本。传统的建筑绿色性能分析方法的主要矛盾表现在以下几个方面：（1）建筑绿色分析数据分析量较大，建筑设计人员需借助一定的辅助工具；（2）初步设计阶段难以进行快速的建筑绿色性能分析，节能设计优化实施困难；（3）建筑绿色性能分析的结果表达不够直观，需专业人士进行解读，不能与建筑设计等专业人员协同工作；（4）分析模型建立过程烦琐，且后续利用较差。

2. 基于 BIM 技术绿色建筑分析流程

基于 BIM 技术的建筑绿色性能分析与建筑设计过程具有一定的整合性，将建筑设计过程与绿色性能分析协同进行，从建筑方案设计开始到项目实施结束，全程参与整个项目当中，设计初期通过 BIM 建模软件建立 3D 模型，同时 BIM 软件与绿色性能分析软件具有互操作性，可将设计模型简化后通过 IFC、XML 格式文件直接生成绿色分析模型。

根据前面章节内容总结 BIM 技术分析流程与传统分析流程相比，基于 BIM 技术的建筑绿色性能分析流程具有以下特点：

（1）首先体现在分析工具的选择上面，传统分析工具通常是 DOE-2、PKPM 等，这些软件建立的实验模型往往与实物存在一定的差异，分析项目有限。基于 BIM 技术的绿色分析通过软件间互操作性生成分析模型。

（2）整个设计过程在同一数据基础上完成，使得每一阶段均可直接利用之前阶段的成果，从而避免了相关数据的重复输入，极大地提高了工作效率。

（3）设计信息能高效重复使用，信息输入过程实现自动化，操作性好。模拟输入数据的时间极大缩短，设计者通过多次执行“设计、模拟评价、修正设计”这一迭代过程，不断优化设计，使建筑设计更加精确。

（4）BIM 技术是由众多软件组成，且这些软件之间具有良好的互操作性能，支持组合采用来自不同厂商的建筑设计软件、建筑节能设计软件和建筑设备设计软件，从而使设计者可得到最好的设计软件的组合。此外，基于 BIM 技术的绿色性能分析的人员参与，模型建立、分析结果的表达及分析模型的后续利用与传统方法有根本的不同。

3.BIM 模型数据标准化问题

绿色建筑的评价需依靠一套完整的评价流程和体系，BIM 技术在绿色建筑分析方面有一定优势，但是在绿色建筑分析过程中涉及多种软件，各软件采用的数据格式不尽相同。因此，分析过程中涉及软件互操作问题，目前软件间存在信息共享难、不同绿色建筑分析软件互操作性差和分析效率低等问题。本书选取了几种常用的绿色建筑分析软件，分析了不同软件所能支持的典型数据格式，以及不同数据格式的互操作性问题。

二、基于 IFC 标准的绿色建筑信息模型

（一）IFC 标准概述

Building SMART 在 1997 年 1 月发布了第一个版本的 IFC 标准 IFC 1.0。IFC 是一个开放的、标准化的、支持扩展的通用数据模型标准，目的是使建筑信息模型（BIM）软件在建筑业中的应用具有更好的数据交换性和互操作性。IFC 标准的 BIM 模型能将传统建筑行业中的典型的碎片化的实施模式和各个阶段的参与者联系起来，各阶段的模型能够更好地协同工作和信息共享，能够减少项目周期内大量的冗余工作。随着技术进步和研究的加深，IFC 的发展始终处在一个动态的、不断趋于完善的环境中，经历了 1.0、1.5、2.0、2×、2×2、2×3、4.0 七次大的版本更新，2005 年被 ISO 收录为国际标准，标准号为 ISO-PAS 16739，目前最新的版本是 IFC4.0。

此外，IFC 模型采用了严格的关联层级结构，包括四个概念层。从上到下分别是领域层（Domain Layer），描述各个专业领域的专门信息，如建筑学、结构构件、结构、分析、给水排水、暖通、电气、施工管理和设备管理等；共享层（Interoperability Layer），描述各专业领域信息交互的问题，在这个层次上，各个系统的组成元素细化；核心层（Core Layer），描述建筑工程信息的整体框架，将信息资源层的内容用一个整体框架组织起

来，使其相互联系和连接，组成一个整体，真实反映现实世界的结构；资源层（Resource Layer），描述标准中可能用到的基本信息，作为信息模型的基础服务于整个 BIM 模型。

IFC 标准在描述实体方面具有很强的表现能力，是保证建筑信息模型（BIM）在不同的 BIM 工具之间的数据共享性方面的有效手段。IFC 标准支持开放的互操作性建筑信息模型能够将建筑设计、成本、建造等信息实现无缝共享，在提高生产力方面具有很大的潜力。但是，IFC 标准涵盖范围广泛，部分实体定义不够精确，存在大量的信息冗余，在保证信息模型的完整性和数据交换的共享程度方面仍不能够满足工程建设中的需求。因此，对特定的交换模型清晰的定义交换需求、流程图或者功能组件中所包含的信息，应制定标准化的信息交付手册（IDM），然后将这些信息映射成为 IFC 格式的 MVD 模型，从而保证建筑信息模型数据的互操作性。

随着 IFC 版本的不断更新，IFC 的应用范围也在不断地扩大。IFC2.0 版本可以表达建筑设计、设施管理、建筑维护、规范检查、仿真分析和计划安排等六个方面的信息，IFC2 × 3 作为最重要的一个版本，其覆盖的内容进一步扩展，增加了 HVAC、电气和施工管理等三个领域，随着覆盖领域的扩展，IFC 架构中的实体数量也在不断补充完善，IFC 中实体数量的变化情况，最新的 IFC4 中共有 766 个实体，比上一版本的 IFC 2 × 3 多 113 个实体。FC4 在信息的覆盖范围上面有较大的变化，着重突出了有关绿色建筑和 GIS 相关实体。对在绿色建筑信息集成方面的对应实体问题，在 IFC4 中通过扩展相关实体有所改善，新增的实体可以使 IFC 的建筑信息模型在绿色建筑信息与 XML 在信息共享程度有所改善。

（二）IFC 标准应用方法

IFC 标准是一个开放的、具有通用数据架构和提供多种定义和描述建筑构件信息的方式，为实现全寿命周期信息的互操作性提供了可能。正因为 IFC 的这种特性，使其在应用过程中存在高度的信息冗余，在信息的识别和准确获取方面存在一定的困难。我们可以用标准化的 IDM 生成 MVD 模型提高 BIM 模型的灵活性和稳定性。针对建筑绿色性能分析数据的多样性和信息共享存在的问题，XML 标准能够较好地实现建筑绿色性能分析数据的共享，对 IFC 在建筑绿色性能分析中软件互操作性差的问题，也可尝试将 IFC 标准数据转换成 XML 格式提高互操作性。

MVD（Model View Definition）是基于 IFC 标准的子模型，这个子模型定义所需要的信息由面向的用户和所交换的工程对象决定。模型视图定义是建筑信息模型的子模型，是具有特定用途或者针对某一专业的信息模型，包含本专业所需的全面部信息。生成子模型 MVD 时首先要根据需求制定信息交付手册（Information Delivery Manual），一个完整的 IDM 应包括流程图（Process Map）、交换需求（Exchange Requirements）和功能组件（Functional Parts），其制定步骤可以概括为三步：第一，确定应用实例情况的说明，明确应用目标过程中所需要的数据模型。第二，模型交换信息需求的收集整理和建立模型。从另外方面说，第一步的案例说明可以包括在模型交换需求收集和建模中去，与其相对应的步骤就是明确交换需求（Exchange Requirements），交换需求是流程图（Process Map）在模型信息交换过程中的数据集合。第三，在明确需求的基础上更加清晰地定义交换需求、流程图或者功能组件中所包含的信息，然后将这些信息映射成为 IFC 格式的 MVD 模型。

美国国家建筑信息模型标准 NB IMS 中，对生成 MVD 模型总结为四个核心过程，即计划阶段、设计阶段、建造阶段和实施阶段。计划阶段首先是建立工作组，明确所需的信息内容，制定流程图和信息交换需求。设计阶段根据计划阶段制定的 IDM 形成信息模块集，进而形成 MVD 模型。建造阶段将上一步的模型转换成基于 IFC 的模型，通过应用反馈修改完善模型。部署阶段是形成标准化的 MVD 生成流程，同时检验其完整性。另外一种生成 MVD 模型的方法是扩展产品建模过程，Extended Process to Product Modeling 是在 BPPM 改进的基础上形成，BPPM 被认定为 IDM 标准流程，xPPM 方法从三个方面改善 MVD 的生成：第一，只用 BPPM 中流程图的部分符号代替全图符号。第二，弱化 IDM 与 MVD 模型之间的差别。第三，用 XML 文件代替文档文件存储交换需求、功能组件和 MVD 模型。

第三节　绿色 BIM

一、绿色建筑的相关理论研究

（一）绿色建筑的概念

目前，在我国得到专业学术领域和政府、公众各层面上普遍认可的“绿色建筑”的概念是由建设部发布的《绿色建筑评价标准》中给出的定义，即“在建筑的寿命周期内，最大限度地节约资源（节能、节地、节水、节材）、保护环境和减少污染，为人们提供健康、适用和高效的使用空间，与自然和谐共生的建筑”。

绿色建筑相比传统建筑具有以下特点：①绿色建筑相比于传统建筑，采用先进的绿色技术，使能耗大大降低。②绿色建筑注重建筑项目周围的生态系统，充分利用自然资源、光照、风向等，因此没有明确的建筑规则和模式。其开放性的布局较封闭的传统建筑布局有很大的差异。③绿色建筑因地制宜，就地取材，追求在不影响自然系统的健康发展下能够满足人们需求的可持续的建筑设计，从而节约资源，保护环境。④绿色建筑在整个寿命周期中，都很注重环保可持续性。

（二）绿色建筑设计原则

绿色建筑设计原则概括为地域性、自然性、高效节能性、健康性、经济性等原则。

1. 地域性原则

绿色建筑设计应该充分了解场地相关的自然地理要素、生态环境、气候要素、人文要素等方面，并对当地的建筑设计进行考察和学习，汲取当地建筑设计的优势，并结合当地的相关绿色评价标准、设计标准和技术导则，进行绿色建筑的设计。

2. 自然性原则

在绿色建筑设计时，应尽量保留或利用原本的地形、地貌、水系和植被等，减少对周围生态系统的破坏，并对受损害的生态环境进行修复或重建，在绿色建筑施工过程中，如有造成生态系统破坏的情况下，需要采用一些补偿技术，对生态系统进行修复，并且充分利用自然可再生能源，如光能、风能、地热能等。

3. 高效节能原则

在绿色建筑设计体型、体量、平面布局时，应根据日照、通风分析后，进行科学合理的布局，以减少能源的消耗。还要尽量采用可再生循环、新型节能材料和高效的建筑设备等，以便降低资源的消耗，减少垃圾，保护环境。

4. 健康性原则

绿色建筑设计应全面考虑人体学的舒适要求，并对建筑室外环境的营造和室内环境进行调控，设计出对人心理健康有益的场所和氛围。

5. 经济原则

绿色建筑设计应该提出有利于成本控制的、具有经济效益的、可操作性的最优方案，并根据项目的经济条件和要求，在优先采用被动式技术前提下，完成主动式技术和被动式技术相结合，以使项目综合效益最大化。

（三）绿色建筑设计目标

目前，对绿色建筑普遍的认知是，它不是一种建筑艺术流派，不是单纯的方法论，而是相关主体（包括业主、建筑师、政府、建造商、专家等）在社会、政治、文化、经济等背景因素下，试图进行的自然与社会和谐发展的价值表达。

关键目标是绿色建筑设计时，要满足减少对周围环境和生态的影响；协调满足经济需求与保护生态环境之间的矛盾；满足人们社会、文化、心理需求等结合环境、经济、社会等多元因素的综合目标。

评价目标是指在建筑设计、建造、运营过程中，建筑相关指标符合相应地区的绿色建筑评价体系要求，并获取评价标识。这是当前绿色建筑作为设计依据的目标。

（四）绿色建筑设计策略分析

绿色建筑在设计之前要组建绿色建筑设计团队，聘请绿色建筑咨询顾问，并让绿色咨询顾问在项目前期策划阶段就参与到项目，并根据《绿色建筑评价标准》进行对绿色建筑的设计优化。绿色建筑设计策略如下。

第一，环境综合调研分析，绿色建筑的设计理念是与周围环境相融合，在设计前期就应该对项目场地的自然地理要素、气候要素、生态环境要素人工等要素进行调研分析，为设计师采用被动适宜的绿色建筑技术打好基础。

第二，室外环境绿色建筑在场地设计时，应该充分与场地地形相结合，随坡就势，减少没必要的土地平整，充分利用地下空间，结合地域自然地理条件合理进行建筑布局，节约土地。

第三，节能与能源利用：①控制建筑体型系数，在以冬季采暖的北方建筑里，建筑体型系数越小建筑越节能，所以可以通过增大建筑体量、适当合理地增加建筑层数，或采用组合体体形来实现。②建筑围护结构节能，采用节能墙体、高效节能窗，减少室内外热交换率；采用种植屋面等屋面节能技术可以减少建筑空调等设备的能耗。③太阳能利用，绿色建筑太阳能利用分为被动式和主动式太阳能利用，被动式太阳能利用是通过建筑的合理朝向、窗户布置和吊顶来捕捉控制太阳能热量；而主动式太阳能利用是系统采用光伏发电板等设备来收集、储存太阳能来转化成电能。④风能的利用，绿色建筑风能利用也分为被动式和主动式风能利用，被动式风能利用是通过合理的建筑设计，使建筑内部有很好的室内室外通风；主动式风能利用是采用风力发电等设备。

第四，节水与水资源利用：①节水，采用节水型供水系统，建筑循环水系统，安装建筑节水器具，如节水水龙头、节水型电器设备等来节约水资源。②水资源利用，采用雨水回收利用系统，进行雨水的收集与利用。在建筑区域屋面、绿地、道路等地方铺设渗透性好的路砖，并建设园区的渗透井，配合渗透法收集雨水并利用。

第五，节材与材料利用，采用节能环保型材料、采用工业、农业废弃料制成可循环再利用的材料。

第六，室内环境质量，进行建筑的室内自然通风模拟、室内自然采光模拟、室内热环境模拟、室内噪声等分析模拟。根据模拟的分析结果进行建筑设计的优化与完善。

二、BIM 技术相关标准

BIM 技术的核心理念是基于三维建筑信息模型，在建筑全寿命周期内各个专业协同设计，共享信息模型，提高工作效率。为了方便相关技术、管理人员共享信息模型，大家需要统一信息标准，BIM 标准可以分成三类：分类编码标准、数据模型标准、过程标准。

（一）分类编码标准

分类编码标准是规定建筑信息如何进行分类的标准，在建筑全寿命周期中会产生大量不同种类的信息，为了提高工作效率，需要对信息进行的分类，开展信息的分类和代码化就是分类编码标准不可缺少的基础技术。现在我国采用的分类编码标准，是对建筑专业分类的《建筑产品分类和编码》和用于成本预算的工程量清单计价规范《建设工程清单计价规范》。

（二）数据模型标准

数据模型标准是交换和共享信息所采用的格式的标准，目前国际上获得广泛使用的，包括 IFC 标准、XML 标准和 CIS/2 标准，我国采用 IFC 标准的平台部分作为数据模型的标准。

IFC 标准是开放的建筑产品数据表达与交换的国际标准，其中 IFC 是 Industry Foundation Classes 的缩写。IFC 标准现在可以被应用到整个的项目全生命周期中，现今建筑项目从勘察、设计、施工到运营的 BIM 应用软件都支持 IFC 标准。

XML 是 The Green Building XML 的缩写。XML 标准的目的是方便在不同 CAD 系统的，基于私有数据格式的数据模型之间传递建筑信息，尤其是为了方便针对建筑设计的数据模型与针对建筑性能分析应用软件及其对应的私有数据模型之间的信息交换。

CIS/2 标准是针对钢结构工程建立的一个集设计、计算、施工管理及钢材加工为一体的数据标准。

（三）过程标准

过程标准是在建筑工程项目中，BIM 信息的传递在不同阶段、不同专业产生的模型标准。过程标准主要包含 IDM 标准、MVD 标准及 IFD 标准。

第四节　BIM 技术的推广

建筑信息模型是应用于建筑行业的新技术，为建筑行业的发展提供了新动力。但是由于 BIM 技术在我国发展比较晚，国内建筑行业没有规范的 BIM 标准，技术条件的局限性使中国建筑业 BIM 技术的应用推广遇到了阻碍，很难进一步研究与发展，需要政府制定相应政策推动其发展。本节分析了国内建筑行业 BIM 技术的应用现状，对 BIM 技术的特点进行了讨论，寻找限制 BIM 技术应用的主要阻碍因素，并制定相关的解决方案，为推动 BIM 技术在国内建筑业应用提供指导。

一、项目管理中 BIM 技术的推广

（一）BIM 技术的综述

1.BIM 技术的概念

BIM 其实就是指建筑信息模型，它是以建筑工程项目的相关图形和数据作为其基础而进行模型的建立，并且通过数字模拟建筑物所具有的一切真实的相关的信息。BIM 技术是一种应用于工程设计建造的数据化的一种典型工具，它能够通过各种参数模型对各种数据进行一定的整合，使得收集的各种信息在整个项目的周期中得到共享和传递，对提高团队的协作能力以及提高效率和缩短工期都有积极的促进作用。

2. 项目管理的概念

项目管理其实就是管理学的一个分支，它是指在有限的项目管理资源的情形下，管理者运用专门的技能、工具、知识和方法对项目的所有工作进行有效的、合理的管理，以此来充分实现当初设定的期望和需求。

（二）项目管理中 BIM 技术推广存在的问题

1.BIM 专业技术人员的匮乏

BIM 技术所涉及的知识面非常广泛，因此，需要培养专门的技术人员对 BIM 软件进行系统操作，而目前，我国 BIM 技术的应用推广还处于初级发展阶段，大多数的建筑企业的项目中还没有运用到该项技术，这也使相关的人员不愿意花更多的时间和费用来进行 BIM 技术的学习和培训，而技术人员的匮乏大大地阻碍了 BIM 技术的应用和推广。

2.BIM 软件开发费用高

因为其研发成本很高，政府部门对 BIM 软件的研发的资金投入就非常的不足，相较于其他的行业，由于资金投入量太少，这就严重阻碍了 BIM 技术的应用和推广。BIM 的软件和核心技术是被美国垄断了的，所以我国如果需要这些软件和技术，就不得不花费非常高额的代价从国外引进。

3. 软件兼容性差

由于基础软件的兼容性差，就会导致不同企业的操作平台的 BIM 系统在操作的时候就对软件的选择时存在很大的差异，这也大大地阻碍了 BIM 技术的应用推广。目前，对于绝大多数的软件，在不同的系统中运行的时候需要重新进行编译工作，非常烦琐。甚至有些软件为了适应各种不同的系统，还需要重新开发或者发生非常大的更改。

4.BIM 技术的利益分配不平衡

BIM 技术在项目管理中的应用需要多个团体的分工合作，包括施工单位、业主、规划设计单位和监理单位等。各个团体虽然是相互独立的，但是 BIM 技术使得这些相

应的团体形成一个统一体，而各个团体之间的利益分配是否平衡对于BIM技术的应用有非常大的影响。

（三）BIM技术的特点

1. 模拟性

模拟性是BIM技术最具有实用性的特点，BIM技术在模拟建筑物模型的时候，还可以模拟确切的一系列的实施活动。例如，可以模拟日照、天气变化等状况，也可以模拟当发生危险的时候，人们的撤离的情况等。而模拟性的这一特性让工作者在设计建筑时更加具有方向感，能够直观地、清楚地明白各种设计的缺陷，并通过演示的各个特殊的情况，对相应的设计方案做出一些改变，让自己所设计出的建筑物具有更强的科学性和实用性。

2. 可视化

BIM技术中最具代表性的特点则是可视化，这也是由它的工作原理决定的。可视化的信息包括三个方面的内容：三维几何信息、构件属性信息以及规则信息。而其中的三维几何信息却是早已经被人们所熟知的一个领域了，这里不再做过多的介绍。

3. 可控性

BIM技术的可控性更体现得淋漓尽致，依靠BIM信息模型能实时准确地提取各个施工阶段的材料与物资的计划，而施工企业在施工中的精细化管理中却比较难实现，其根本性的原因在于工程本身的海量的数据，而BIM的出现则可以让相关的部门更加快速地、准确地获得工程的一系列的基础数据，为施工企业制订相应的精确的机、人、材计划而提供有效、强有力的技术支撑，减少了仓储、资源、物流等环节的浪费，为实现消耗控制以及限额领料提供强有力的技术上的支持。

4. 优化性

无论是施工还是设计或是运营，优化工作一直都没有停止，在整个建筑工程的过程中都在进行着优化的工作，优化工作有了该技术的支撑就更加的科学、方便。影响优化工作的三个要素为复杂程度、信息与时间。而当前的建筑工程达到了非常高的复杂的程度，其复杂性仅仅依靠工作人员的能力是无法完成的，这就必须借助一些科学的设备设施才能够顺利地完成优化工作。

5. 协调性

协调性作为建筑工程的一项重点内容，在BIM技术中也有非常重要的体现。在建筑工程施工的过程中，每一个单位都在做着各种协调工作，相互之间合作、相互之间交流，目的就是通过大家一起努力，让建筑工程可以胜利完成，而其中只要出现问题，就需要进行协调来解决，这时就需要考量，通过信息模拟在建筑物建造前期对各个专业的碰撞问题进行专业的协调和一系列的模拟，生成相应的协调数据。

（四）项目管理者 BIM 技术推广应用的策略

1. 成立 BIM 技术顾问服务公司

我国的软件公司集推广、开发和销售于一体，彼此之间并没有明确的分工，而导致各部门之间职责界限不清楚，工作效率也非常低下。而 BIM 技术顾问服务公司成立之后，主要负责销售和推广的工作，尤其注重该技术的推广和发展。而软件公司也可以和 BIM 技术顾问服务公司一起注重 BIM 技术的推广和发展。其主要负责销售和推广工作，更加注重 BIM 技术的各种形式的推广。

2. 政府要扶植 BIM 技术的推广

在我国存在缺乏核心竞争力和软件开发费用高的问题，政府就应该相应加大财政资金投入，增加研发费用，扶植 BIM 技术的推广和开发。自主研究 BIM 的核心的技术，避免高价向国外引进技术这种非常尴尬的局面。同时我们还可以聘请高水准的国外的专家对我们国内的建筑企业进行 BIM 专业培训。

3. 提高 BIM 软件的兼容性

当下大多数的软件需要在各种不同的操作平台上进行操作，甚至有些软件需要重新编译和编排，这就给用户带来非常多的困难。

4. 加强 BIM 在项目中的综合运用

BIM 技术应该在项目管理中的实践中充分运用，加强对各个项目的统筹规划、对项目的一些辅助设计和对工程的运营，从而实现 BIM 技术在项目管理中的一系列的综合运用。而要使 BIM 技术在项目管理中发挥出更加强大的效用，建筑单位就必须建立一系列的动态的数据库，将更多的实时数据接入 BIM 的系统，并且对管理系统进行定期的维护和管理。

二、BIM 在国内的发展阻碍及应对建议

（一）BIM 技术在国内的推广阻碍因素

通过 BIM 的宣传介绍以及国内外应用 BIM 技术的一些大型项目案例，我们都能深刻体会 BIM 的价值。从宏观上，BIM 能贯彻到建筑工程项目的设计、招投标、施工、运营维护以及拆除阶段全生命周期，有利于对成本、进度、质量三大目标的控制，提高整个建设项目的经济效益。从微观上，BIM 的功能包含 4D 和 5D 模拟、3D 建模和碰撞检测、材料统计和成本估算、施工图及预制件制造图的绘制、能源优化、设施管理和维护等。在国内，推广 BIM 技术以及运用 BIM 的建设工程项目案例当中，我们会发现很多阻碍 BIM 发展的因素，通过分析总结，包括法律、经济、技术、实施、人员 5 个方面，为了进一步了解以上阻碍因素对 BIM 技术在国内发展的影响程度，采取了问卷调查的

方式，由房地产建筑行业的BIM专家进行作答，并采用SPSS分析法对以上阻碍因素按影响程度进行排序，总结出以下16个关键阻碍因素：

①缺少实施的外部动机；②缺少全国性的BIM标准合同示范文本；③对分享数据资源持消极态度；④经济效益不明显；⑤国内BIM软件开发程度低；⑥没有统一的BIM标准和指南；⑦未建立统一的工作流程；⑧业务流程重组的风险；⑨未健全BIM项目中的相关方争议处理机制；⑩缺少BIM软件的专业人员；⑪缺乏系统的BIM培训课程和交流学习平台；⑫各专业之间协作困难；⑬缺少保护BIM模型的知识产权的法律条款与措施；⑭与传统的2D、3D数据不兼容，工作量增大；⑮国内缺少对BIM技术的实质性研究；⑯应用BIM技术的目标和计划不明确。针对以上的16个关键阻碍因素，可根据内外部因素分类，说明外部因素和内部因素对BIM技术在国内推广的阻碍程度是差不多的，所以需要同时重视内外部阻碍因素，双管齐下，方能从根本上解决推进BIM技术在国内建筑行业的应用问题。

（二）促进BIM技术推广的建议

针对目前我国建筑业BIM技术应用推广存在的关键阻碍因素，结合诸多学者提出的促进方案和发展战略，以及访谈专家，总结出以下建议。

1. 法律方面

经过这几年的发展，BIM技术已然成为建筑业的热门话题，住建部也发文推进建筑信息模型的应用，但仍没有实质性的推广措施。当前，政府应制定统一的BIM标准和指南以及合同示范文本，以便全国各地区参考并推广。相关法律部门应该针对BIM技术的特点，制定保护BIM模型的知识产权的法律条款与措施，健全BIM项目中的相关方争议处理机制等相关法律法规，营造一个有益于BIM技术推广的法律环境。

2. 经济方面应用

BIM技术的目的在于对建筑工程项目的成本、进度、质量三大目标以及全寿命周期的控制，可能存在经济效益不明显、投资回报期比较长等问题，项目各参与方应从本质上认识到BIM的价值，投入一定的资金和时间，团结合作，从而优化整个建设项目的经济效益。

3. 技术方面

在技术层面，我国对BIM的掌握还处于初级阶段，不能只停留在BIM的概念介绍、3D效果演示、碰撞识别等浅层次应用，政府应加大对BIM技术的实质性研究，研发适应我国建筑行业的BIM软件，完善构建BIM模型的数据库，建立BIM技术交流平台，创造良好的技术环境。项目各参与方应当正确认识BIM的价值，改变思维方式，尝试分享数据资源，顾全大局，促成共赢。

4. 实施方面

在 BIM 技术推广的实施过程中，我国建筑行业遇到很多问题。政府和业主应该运用自己的优势，为建筑企业等项目相关方创造足够的外部动力，建立统一的工作流程。项目各参与方应壮大自己的 BIM 技术力量，制订应用 BIM 技术的目标和计划，消除业务流程重组的风险，加强各专业的交互性，携手共进。

5. 人员方面

随着 BIM 项目数量的增加以及项目的复杂程度提升，对 BIM 人才数量和质量的要求也随之提高。高校作为建筑人才输送的重要场所，应该设立相关的 BIM 课程，并定期组织学生前往 BIM 项目积累实践经验，以满足建筑行业的需求。此外，建筑行业相关部门应该在社会上建立系统的 BIM 培训课程和交流学习平台，以供企业人员学习与提升，壮大 BIM 技术人员的队伍，并参与到 BIM 项目的建设当中去。

第五节　BIM 技术在建筑施工领域的发展

BIM 技术的发展不仅只是特定的领域或者特定的组织熟练应用的一门技术，更不指某些项目工程的成功应用。实现 BIM 技术的发展，应该提高整个建筑业的 BIM 应用水平，让所有的建筑业参与方都能够普遍地、充分地利用 BIM 技术，以提高工作效率、减少资源浪费，从而达到创新和环保的目的，这才是 BIM 发展的核心。

一、对关键阻碍因素的应对方案

（一）保护数据模型内部的知识产权

BIM 数据模型包括与建筑、结构、机械以及水电设备等各种专业有关的数据资源。数据模型除这些专业的物理及非物理属性以外，还包括取得专利的新产品或者使用技术的信息。BIM 数据模型是一种数据集成的数据库。模型中集成的数据越多，其应用范围越广，价值就越高。由于 BIM 数据模型的完整度不仅取决于建模工作的精准度，还取决于数据模型内在的数据资源输入的情况。因此在 BIM 项目中，更多的项目参与方需要提供大量的数据资源。由于在 BIM 项目参与方之间使用 BIM 数据模型来进行协同工作，因此项目的一方提供的数据资源则容易被其他参与方所使用。如果项目参与方没有保护知识产权的意识，就难以保护其他参与方提供的数据模型中的知识产权。

政府加以强化保护个人和企业的数据资源的力量。通过设立检查 BIM 数据的技术部门，如知识产权局，设定标准判断项目中数据资源的不正确的使用、套用、盗用他人的数据的行为；再与行政和法律部门结合，建立配套的经济和行政上的惩罚措施，如罚款、公示、列入招标黑名单等；最终确立“上诉—审查—惩罚”的机制。

在BIM项目中，建议业主方专门指定“数据模型管理员”来控制数据模型的滥用。按使用者的专业和身份授权，在被许可的平台上允许使用其他使用者提供的数据模型。比如，“数据模型管理员”只允许结构设计师参考建筑和设备的数据模型，而不可改动模型里的任何属性。企业和个人都需要提高自身的防御意识，在BIM项目中相互监督，防止侵犯知识产权的行为。

（二）解决聘用BIM专家及咨询费用问题

据此项调查结果分析，除业主之外，项目参与方大部分依靠自身的BIM团队来进行工作。然而，随着BIM项目数量的增加，现有用户对BIM技术的使用要求迅速增长时，将会出现对BIM外包服务的大量需求。当企业选择BIM外包服务时，他们会面临两个问题：第一，费用的标准问题；第二，费用的承担问题。

对于BIM外包服务的费用标准，目前还没有可以参考的。由于BIM技术服务的种类多，难以规定费用标准。依据BIM项目的实践经验来看，政府或者权威的企业研究机构需要为企业或者个人提供相互交流的平台，即分享有关BIM外包服务的信息，建立BIM外包服务的费用体系。

目前大部分工程项目中，是否使用BIM技术具有一定的选择性。在企业内部没有BIM团队的前提下，聘用BIM专家以及咨询会成为经济上的负担。在聘用BIM专家和咨询的过程中产生的费用应该由项目的参与方共同分担，特别是项目的业主方需要理解采用BIM技术所带来的经济效益，来分担其他项目参与方的经济压力。

（三）如何分担设计费用

由于中国施工图审查标准还是2D的，大部分设计工作还是以2D的绘图为主。在BIM项目的实施过程中，自然会出现传统的2D工作和BIM的3D工作相重复的现象，从而造成设计费用的增加。而且由于设计方直接承担软（硬）件的购买、计算机升级以及聘用BIM专家等的一系列费用，设计方向业主方要求更高的设计费是合理的。

在BIM项目中各参与方都是BIM技术的受益者。因使用BIM技术而产生的费用应该由所有项目参与方共同承担。业主方也是BIM项目的直接受益者。借助于项目中BIM技术的应用，业主可以获得高质量、低成本的建筑设施，并且能够降低在项目结束后的运营和管理阶段所产生的费用。业主方作为项目的买方必须得考虑项目其他参与方在引进BIM技术时所承担的费用。政府或者企业制定BIM标准时，需要考虑BIM设计费的定价问题，为BIM项目的业主方提供使用BIM技术的支付标准。

（四）增强BIM技术的研究力量

中国拥有世界上最大规模的建筑市场。虽然设计院、高校的研究所以及个人等在建筑业不同领域进行有关BIM技术的研究，但是其研究力度不够。

在BIM技术的研究方面，政府机构可以起导向性的作用。在欧美发达国家的建筑业中，政府竭力帮助对于BIM技术方面的研究。为了强化BIM研究的力量，中国政府在这方面也可提供大力支持。比如，通过制定政策鼓励相关研究。政府机构也可以提供部分经费，补助企业和高校对BIM技术进行研究。政府还可以设立相应的科研奖项并帮助宣传优秀的研究成果，鼓励成果产业化。在BIM研究中也需要企业的参与。企业在实施BIM项目的过程中可以进行相关的研究，得到宝贵的研究成果。从BIM项目中得到的这些研究成果可以直接应用到其他的BIM项目里，从而创造更多的经济效益。

在研究BIM技术的路上对外的合作与交流是一种有效的方法，是实现BIM的一条最佳捷径。国外建筑业已经有几十年的研究历史，通过和它们的合作，可以切身感受到更为丰富的、更有深度的研究成果。在研究BIM技术的过程中，最重要的是政府、企业以及个人之间的交流。研究成果的共享能够推动BIM技术的普及和应用。

第六章　安全文明施工

第一节　安全文明施工一般项目

为做到建筑工程的文明施工，施工企业在综合治理、公示标牌、社区服务、生活设施等一般项目的管理上也要给予重视。

一、综合治理

各基层单位综合治理领导小组每月召开一次会议，并有会议记录。公司综合治理领导小组每季度向上级汇报公司综合治理工作情况，项目部每月向公司综合治理领导小组书面汇报本单位综合治理工作情况，特殊情况应随时向公司汇报。

（一）综合治理检查

综合治理检查包括以下几个方面。

1. 治安、消防安全检查

公司对各生活区、施工现场、重点部位（场所）采用平时检查（不定期地下基层、工地）与集中检查（节假日、重大活动等）相结合的办法实施检查、督促。项目部对所属重点部位（场所）至少每月检查一次，对施工现场的检查，特别是消防安全检查，每月不少于两次，节假日、重大活动的治安、消防检查应有领导带队检查。

2. 夜间巡逻检查

有专职夜间巡逻的单位要坚持每天进行巡逻检查，并灵活安排巡逻时间和路线；无专职夜间巡逻队的单位要教育门卫、值班人员加强巡逻和检查，保卫部门应适时组织夜间突击检查，每月不少于一次。

3. 分包单位管理

分包单位在签订《生产合同》的同时必须签订《治安、防火安全协议》，并在一周内提供分包单位施工人员花名册和身份证复印件，按规定办理暂住证，缴纳城市建设费。分包单位治安负责人要经常对本单位宿舍、工具间、办公室的安全防范工作进行检查，并落实防范措施。分包单位治安负责人联谊会每月召开一次。治安、消防责任制的检查，参照本单位治安保卫责任制进行。

（二）法治宣传教育和岗位培训

加强职工思想道德教育和法制宣传教育，倡导“爱祖国、爱人民、爱劳动、爱科学、爱社会主义”的社会风尚，努力培养“有理想、有道德、有文化、守纪律”的社会主义劳动者。

积极宣传和表彰社会治安综合治理工作的先进典型以及为维护社会治安做出突出贡献的先进集体和先进个人，在工地范围内创造良好的社会舆论环境。

定期召开职工法制宣传教育培训班（可每月召开一次），并组织法治知识竞赛和考试，对优胜者给予表扬和奖励。

清除工地内部各种诱发违法犯罪的文化环境，杜绝职工看黄色录像、打架斗殴等现象发生。

加强对特殊工种人员的培训，充分保证各工种人员持证上岗。

积极配合公安部门开展法治宣传教育，共同做好刑满释放、解除劳教人员和失足青年的帮助教育工作。

（三）住处管理报告

公司综合治理领导小组每月召开一次各项目部治安责任人会议，收集工地内部违法、违章事件。每月和当地派出所、街道综合治理办公室召开碰头会，及时反映社会治安方面存在的问题。工地内部发生紧急情况时，应立即报告分公司综合治理领导小组，并会同公安部门进行处理、解决。

（四）社区共建

项目部综合治理领导小组每月与驻地街道综合治理部门召开一次会议，讨论、研究工地文明施工、环境卫生、门前三包等措施。各项目部严格遵守市建委颁布的不准夜间施工规定，大型混凝土浇灌等项目尽量与居民取得联系，充分取得居民的谅解，搞好邻里关系。认真做好竣工工程的回访工作，对在建工程加强质量管理。

（五）值班巡逻

值班巡逻的护卫队员、警卫人员，必须按时到岗、严守岗位，不得迟到、早退和擅离职守。

当班的管理人员应会同护、警卫人员加强警戒范围内巡逻检查，并尽职尽责。

专职值勤巡逻的护、警卫人员要勤巡逻，勤检查，每晚不少于 5 次，要害、重点部位要重点察看。

巡查中，发现可疑情况，要及时查明。发现报警要及时处理，查出不安全因素要及时反馈，发现罪犯要奋力擒拿、及时报告。

（六）门卫制度

外来人员一律凭证件（介绍信或工作证、身份证）并有正当的理由，经登记后方可进出。外部人员不得借内部道路通行。

机动车辆进出应主动停车接受查验，因公外来车辆，应按指定部位停靠，自行车进出一律下车推行。

物资、器材出门，一律凭出门证（调拨单）并核对无误后方可出门。

外单位来料加工（包括材料、机具、模具等）必须经门卫登记。出门时有主管部门出具的证明，经查验无误注销后方可放行。物、货出门凡无出门证的，门卫有权扣押并报主管部门处理。

严禁无关人员在门卫室长时间逗留、看报纸杂志、吃饭和闲聊，更不得寻衅闹事。

门卫人员应严守岗位职责，发现异常情况及时向主管部门报告。

（七）集体宿舍治安保卫管理

集体宿舍应按单位指定楼层、房间和床号相应集中居住，任何人不得私自调整楼层、房间或床号。

住宿人员必须持有住宿证、工作证（身份证）、暂住证，三证齐全。凡无住宿证的依违章住宿处罚。

每个宿舍有舍长，有宿舍制度、值日制度。住宿人员应严格遵守住宿制度，职工家属探亲（半月为限），需到项目部办理登记手续，经有关部门同意后安排住宿。严禁私自带外来人员住宿和闲杂人员入内。

住宿人员严格遵守宿舍管理制度，宿舍内严禁使用电炉、煤炉、煤油炉和超过 60W 的灯泡，严禁存放易燃、易爆、剧毒、放射性物品。

注意公共卫生，严禁随地大小便和向楼下泼剩饭、剩菜、瓜皮果壳和污水等。

住宿人员严格遵守公司现金和贵重物品管理制度，宿舍内严禁存放现金和贵重物品。

爱护宿舍内一切公物（门、窗、锁、台、凳、床等）和设施，损坏者照价赔偿。

宿舍内严禁赌博、起哄闹事、酗酒滋事、大声喧哗和打架斗殴；严禁私拉乱接电线等行为。

（八）物资仓库消防治安保卫管理

物资仓库为重点部位。要求仓库管理人员岗位责任制明确，严禁脱岗、漏岗、串岗和擅离职守，严禁无关人员入库。

各类入库材料、物资，一律凭进料入库单经核验无误后入库，发现短缺、损坏、物单不符等一律不准入库。

各类材料、物资应按品种、规格和性能堆放整齐。易燃、易爆和剧毒物品应放专库存放，不得混存。

发料一律凭领料单。严禁先发料后补单，仓库料具无主管部门审批一律不准外借。退库的物资材料，必须事先分清规格，鉴定新旧程度，列出清单后再办理退库手续，报废材料亦应分门别类放置统一处理。

仓库人员严格执行各类物资、材料的收、发、领、退等核验制度，做到日清月结，账、卡、物三者相符，定期检查，发现差错应及时查明原因，分清责任，报部门处理。

仓库严禁火种、火源。禁火标志明显，消防器材完好，并熟悉和掌握其性能及使用方法。

仓库人员应提高安全防范意识，定期检查门窗和库内电器线路，发现不安全因素及时整改。离库和下班后应关锁好门窗，切断电源，确保安全。

（九）财务现金出纳室治安保卫管理室

财务科属重点部位，无关人员严禁进出。

门窗有加固防范措施，技术防范报警装置完好。

严格执行财务现金管理规定，现金账目日结日清，库存过夜现金不得超过规定金额，并要存放于保险箱内。

严格支票领用审批和结算制度，空白支票与印章分人管理，过夜存放保险箱。不准向外单位提供银行账号和转借支票。

保险箱钥匙专人保管，随身携带，不得放在办公室抽屉内过夜。

财务账册应妥善保管，做到不失散、不涂改、不随意销毁，并有防霉烂、虫蛀等措施。下班离开时，应检查保险箱是否关锁、门窗关锁是否完好，以防意外。

（十）浴室治安保卫管理

浴室专职专管人员应严格履行岗位职责，按规定时间开放、关闭浴室。

就浴人员应自觉遵守浴室管理制度，服从浴室专职人员的管理。就浴中严禁在浴池内洗衣、洗物，对患有传染病者不得安排就浴。

（十一）班组治安保卫

治安承包责任落实到人，保证全年无偷窃、打架斗殴、赌博、流氓等行为。

组织职工每季度不少于一次学法，提高职工的法治意识，自觉遵守公司内部治安管理的各项规章制度和社会公德，同违法乱纪行为做斗争。

做好班组治安防范。“四防”工作逢会必讲，形成制度。工具间（更衣室）门、窗关闭牢固，实行一把锁一把钥匙，专人保管。下班后关闭门窗，切断电源，责任到人。

严格遵守公司“现金和贵重物品”的管理制度。工具箱、工作台不得存放现金和贵重物品。

严格对有色金属（包括各类电导线、电动工具等）的管理，执行“谁领用，谁负责保管”的制度。下班后或用后一律入箱入库集中保管，因不负责任丢失或失盗的，由责任人按价赔偿。

严格执行公司有关用火、防火、禁烟制度。无人在禁火区域吸烟（木工间木花必须日做日清），无人在工棚、宿舍、工具间内违章使用电炉、煤炉和私接乱接电源，确保全年无火警、火灾事故。

（十二）治安、值班

门卫保安人员负责守护工地内一切财物。值班应注意服装仪容的整洁。值班时间内保持大门及其周围环境整洁。闲杂人员、推销员一律不得进入工地。

所有人员进入工地必须戴好安全帽。外来人员到工地联系工作必须在门卫处等候，门卫联系有关管理人员确认后，由门卫登记好后，戴好安全帽方可进入工地。如外来人员未携带安全帽，则必须在门卫处借安全帽，借安全帽时可抵押适当物品并在离开时赎回。

门卫保安人员对所负责保护的财物，不得转送变卖、破坏及侵占。否则，除按照物品财物价值的双倍处罚外，情节严重的直接予以开除处理。上班时不得擅离职守，值班时严禁喝酒、赌博、睡觉或做勤务以外的事。

对进入工地的车辆，应询问清楚并登记。严格执行物品、材料、设备、工具携出的检查。夜间值班时要特别注意工地内安全，同时须注意自身安全。

门卫保安人员应将值班中所发生的人、事、物明确记载于值班日记中，列入移交，接班者必须了解前班交代的各项事宜，必须严格执行交接班手续，下一班人员未到岗前不得擅自下岗。

车辆或个人携物外出，均需有在保管室开具的出门证，没有出门证一律不许外出。物品携出时，警卫人员应按照物品携出核对物品是否符合，如有数量超出或品名不符者，应予扣留查报或促其补办手续。凡运出、运入工地的材料，值班人员必须写好值班记录，如有出入则取消当日出勤。

加强值班责任感，发现可疑行动，应及时采取措施。晚上按照工地实际情况及时关闭大门。非经特许，工地内禁止摄影，照相机也禁止携入。发现偷盗应视情节轻重，轻者予以教育训诫，重者报警，合理运用《治安管理处罚条例》，严禁使用私刑。

二、公示标牌

标牌是施工现场重要标志的一项内容，不但内容应有针对性，同时标牌制作、悬挂也应规范整齐，字体工整，为企业树立形象、创建文明工地打好基础。

为进一步对职工做好安全宣传工作，要求施工现场在明显处，应有必要的安全宣传图牌，主要施工部位、作业点和危险区域以及主要通道口都应设有合适的安全警告牌和操作规程牌。

施工现场应该设置读报栏、黑板报等宣传园地，丰富学习内容，表扬好人好事。在施工现场明显处悬挂“安全生产，文明施工”宣传标语。

项目部每月出一期黑板报，全体由项目部安全员负责实施；黑板报的内容要有一定的时效性、针对性、可读性和教育意义；黑板报的取材可以有关质量、安全生产、文明施工的报纸、杂志、文件、标准，与建筑工程有关的法律法规、环境保护及职业健康方面的内容；黑板报的主要内容，必须切合实际，结合当前工作的现状及工程的需要；初稿形成后必须经项目部分管负责人审批后再出刊；在黑板报出刊时，必须在落款部位注明第几期，并附有照片。

三、社区服务

加强施工现场环保工作的组织领导，成立以项目经理为首，由技术、生产、物资、机械等部门组成的环保工作领导小组，设立专职环保员一名。建立环境管理体系，明确职责、权限。建立环保信息网络，加强与当地环保局的联系。不定期组织工地的业务人员学习国家、环境法律法规和本公司环境手册、程序文件、方针、目标、指标知识等内部标准，使每个人都了解 ISO 14001 环保标准要求和内容。

施工单位应当遵守国家有关环境保护的法律规定，采取措施控制施工现场的各种粉尘、废气、废水、固体废弃物及噪声、振动对环境的污染和危害。

应当采取下列防止环境污染的措施：

（1）妥善处理泥浆水，未经处理不得直接排入城市排水设施和河流。

（2）除附设有符合规定的装置外，不得在施工现场熔融沥青或焚烧油毡、油漆及其他会产生有毒、有害烟尘和恶臭气体的物质。

（3）使用密封式的圈筒或者采取其他措施处理高空废弃物。

（4）采取有效措施控制施工过程中的扬尘。

（5）禁止将有毒、有害废弃物用作土方回填。

（6）对产生噪声、振动的施工机械，应采取有效控制措施，减轻噪声扰民。

施工由于受技术、经济条件限制，对环境的污染不能控制在规定范围内的，建设单位应当会同施工单位事先报请当地人民政府建设行政主管部门和环境行政主管部门批准。必须进行夜间施工时，要进行审批，经批准后按批复意见施工，并注意影响，尽量做到不扰民；与当地派出所、居委会取得联系，做好治安保卫工作，严格执行门卫制度，防止工地出现偷盗、打架、职工外出惹事等意外事情发生，防止出现扰民现象（特别是在高考期间）。认真学习和贯彻国家、环境法律法规和遵守本公司环境方针、目标、指标及相关文件要求。

按当地规定，在允许的施工时间之外必须施工时，应有主管部门批准手续（夜间施工许可证），并做好周围群众工作。22点至次日6点时段，没有夜间施工许可证的，不允许施工。施工现场不得焚烧有毒、有害物质，有毒、有害物质应该按照有关规定进行处理。现场应制定不扰民措施，有责任人管理和检查，并与居民定期联系听取其意见，对合理意见应处理及时，工作应有记载。制定施工现场防粉尘、防噪声措施，使附近的居民不受干扰。严格按规定的早6点、22点时间作业。严格控制扬尘，不许从楼上往下扔建筑垃圾，堆放粉状材料要遮挡严密，运输粉状材料要用高密目网或彩条布遮挡严密，保证粉尘不飞扬。

严格控制废水、污水排放，不许将废水、污水排放到居民区或街道。防止粉尘污染环境，施工现场设明排水沟及暗沟，直接接通污水管道，防止施工用水、雨水、生活用水排出工地。混凝土搅拌车、货车等车辆进出工地时，轮胎要进行清扫，防止轮胎污物被带出工地。施工现场设垃圾箱，禁止乱丢乱放。

施工建筑物采用密目网封闭施工，防止靠近居民区出现其他安全隐患及不可预见性事故，确保安全可靠。采用高品质混凝土，防止现场搅拌噪声扰民及水泥粉尘污染。用木屑除尘器除尘时，在每台加工机械尘源上方或侧向安装吸尘罩，通过风机作用，将粉尘吸入输送管道，送到普料仓。使用机械如电锯、砂轮、混凝土振捣器等噪声较大的设备时，应尽量避开人们休息的时间，禁止夜间使用，防止噪声扰民。

四、生活设施

认真贯彻执行《环境卫生保护条例》。生活设施应纳入现场管理总体规划，工地必须有环境卫生及文明施工的各项管理制度、措施要求，并落实责任到人。有卫生专职管理人员和保洁人员，并落实卫生包干区和宿舍卫生责任制度，生活区应设置醒目的环境卫生宣传标语、宣传栏、各分片区的责任人牌，在施工区内设置饮水处，吸烟室、生活区内种花草，美化环境。

生活区应有除“四害”措施，物品摆放整齐、清洁，无积水，防止蚊蝇孳生。生活区的生活设施（如水龙头、垃圾桶等）有专人管理，生活垃圾一日至少要早、晚清倒两次，禁止乱扔杂物，生活污水应集中排放。

生活区应设置符合卫生要求的宿舍、男女浴室或清洗设备、更衣室、男女水冲式厕所，工地有男女厕所，保持清洁。高层建筑施工时，可隔几层设置移动式的简单厕所，以切实解决施工人员的实际问题。施工现场应按作业人员的数量设置足够使用的沐浴设施，沐浴室在寒冷季节应有暖气、热水，并应有管理制度和专人管理。

食堂卫生符合《食品卫生法》的要求。炊事员必须持有健康证，着白色工作服工作。保持整齐清洁，杜绝交叉污染。食堂管理制度上墙，加强卫生教育，不食不洁食物，预防食物中毒，食堂设有防蝇装置。

工地要有临时保健室或巡回医疗点，开展定期医疗保健服务，关心职工健康。高温季节施工要做好防暑降温工作。施工现场无积水，污水、废水不准乱排放。生活垃圾必须随时处理或集中加以遮挡，集中装入容器运送，不能与施工垃圾混放，并设专人管理。落实消灭蚊蝇孳生的承包措施，与各班组达成检查监督约定，以保证措施落实。保持场容整洁，做好施工人员有效防护工作，防止各种职业病的发生。

施工现场作业人员饮水应符合卫生要求，有固定的盛水容器，并有专人管理。现场应有合格的可供使用的水源（如自来水），不准把集水井作为饮用水，也不准直接饮用河水。茶水棚（亭）的茶水桶做到加盖加锁，并配备茶具和消毒设备，保证茶水供应，严禁使用生水。夏季要确保施工现场的凉开水或清凉开水或清凉饮料供应，暑伏天可增加绿豆汤，防止中暑、脱水现象发生。积极开展除“四害”运动，消灭病毒传染体。现场落实消灭蚊蝇孳生的承包措施，与承包单位签订检查约定，确保措施落实。

第二节 安全文明施工保证项目

为做到建筑工程的文明施工，施工企业必须在现场围挡、封闭管理、施工现场、材料管理、现场办公与住宿、现场防火等保证项目上加强管理。

一、围挡现场

工地四周应设置连续、密闭的围挡，其高度与材质应满足以下要求：第一，市区主要路段的工地周围设置的围挡高度不低于 2.5 m；一般路段的工地周围设置的围挡高度不低于 1.8 m。市政工地可按工程进度分段设置围挡或按规定使用统一的、连续的安全防护设施。第二，围挡材料应选用砌体，砌筑 60cm 高的底脚并抹光，禁止使用彩条布、竹笆、安全网等易变形的材料，做到坚固、平稳、整洁、美观。第三，围挡的设置必须沿工地四周连续进行，不能有缺口。第四，围挡外不得堆放建筑材料、垃圾和工程渣土、金属板材等硬质材料。

二、封闭管理

施工现场实施封闭式管理。施工现场进出口应设置大门，门头要设置企业标志，企业标志是标明集团、企业的规范简称；设有门卫室，制定值班制度。设置警卫人员，制定警卫管理制度，切实起到门卫作用；为加强对出入现场人员的管理，规定进入施工现场的人员都必须佩戴工作卡，且工作卡应佩戴整齐；在场内悬挂企业标志旗。

未经有关部门批准，施工范围外不准堆放任何材料、机械，以免影响秩序，污染市容，损坏行道树和绿化设施。夜间施工要经有关部门批准，并将噪声控制到最低限度。

工地、生活区应有卫生包干平面图，根据要求落实专人负责，做到定岗、定人，做好公共场所、厕所、宿舍卫生打扫、茶水供应等生活服务工作。工地、生活区内道路平整，无积水，要有水源、水斗、灭害措施、存放生活垃圾的设施，要做到勤清运，确保场地整洁。

工地四周不乱倒垃圾、淤泥，不乱扔废弃物；排水设施流畅，工地无积水；及时清理淤泥；运送建筑材料、淤泥、垃圾，沿途不漏撒；沾有泥沙及浆状物的车辆不驶出工地，工地门前无场地内带出的淤泥与垃圾；搭设的临时厕所、浴室有措施保证粪便、污水不外流。

单项工程竣工验收合格后，施工单位可以将该单项工程移交建设单位管理。待全部工程验收合格后，施工单位方可解除施工现场的全部管理责任。

设门卫值班室，值班人员要佩戴执勤标志；门卫认真执行本项目门卫管理制度，并实行凭胸卡出入制度，非施工人员不得随便进入施工现场，确需进入施工现场的，警卫必须验明证件，登记后方可进入工地；进入工地的材料，门卫必须进行登记，注明材料规格、品种、数量、车的种类和车牌号；外运材料必须有单位工程负责人签字，方可放行；加强对劳务队的管理，掌握人员底数，签订治安协议。

三、施工场地

遵守国家有关环境保护的法律规定，应有效控制现场各种粉尘、废水、固体废弃物，以及噪声、振动对环境的污染和危害。

工地地面要做硬化处理，做到平整、不积水、无散落物。道路要畅通，并设排水系统、汽车冲洗台、三级沉淀池，有防泥浆、污水、废水措施。建筑材料、垃圾和泥土、泵车等运输车辆在驶出现场之前，必须冲洗干净。工地应严格按照防汛要求，设置连续、畅通的排水设施，防止泥浆、污水、废水外流或堵塞下水道和排水河道。

工地道路要平坦、畅通、整洁、不乱堆乱放；建筑物四周浇捣散水坡施工场地应有循环干道且保持畅通，不堆放构件、材料；道路应平整坚实，施工场地应有良好的排水设施，保证畅通排水。项目部应按照施工现场平面图设置各项临时设施，并随施工不同阶段进行调整，合理布置。

现场要有安全生产宣传栏、读报栏、黑板报，主要施工部位作业点和危险区域，以及主要道路口要都设有醒目的安全宣传标语或合适的安全警告牌。主要道路两侧用钢管做扶栏，高度为 1.2m，两道横杆间距 0.6m，立杆间距不能超过 2 m，40cm 间隔刷黄黑漆作色标。

工程施工的废水、泥浆应经流水槽或管道流到工地集水池，统一沉淀处理，不得随意排放和污染施工区域以外的河道、路面。施工现场的管道不得有跑、冒、滴、漏或大面积积水现象。施工现场禁止吸烟，按照工程情况设置固定的吸烟室或吸烟处，吸烟室应远离危险区并设置必要的灭火器材。工地应尽量做到绿化，尤其是在市区主要路段的工地更应该做到这点。

保持场容场貌的整洁，随时清理建筑垃圾。在施工作业时，应有防止尘土飞扬、泥浆洒漏、污水外流、车辆带泥土运行等措施。进出工地的运输车辆应采取措施，以防止建筑材料、垃圾和工程渣土飞扬洒落或流溢。施工中泥浆、污水、废水禁止随地排放，选择合理位置设沉淀池，经沉淀后方可排入市政污水管道或河道。作业区严禁吸烟，施工现场道路要硬化畅通，并设专人定期打扫道路。

四、材料管理

（一）材料堆放

施工现场场容规范化。需要在现场堆放的材料、半成品、成品、器具和设备，必须按已审批过的总平面图指定的位置进行堆放。应当贯彻文明施工的要求，推行现代管理方法，科学组织施工，做好施工现场的各项管理工作。施工应当按照施工总平面布置图规定的位置和线路设置，建设工程实行总包和分包的，分包单位确需进行改变施工总平面布置图活动的，应当先向总包单位提出申请，不得任意侵占场内道路，并应当按照施工总平面布置图设置各项临时设施现场堆放材料。

各种物料堆放必须整齐，高度不能超过 1.6 m，砖成垛，砂、石等材料成方，钢管、钢筋、构件、钢模板应堆放整齐，用木方垫起，作业区及建筑物楼层内应做到工完料清。除去现浇筑混凝土的施工层外，下部各楼层凡达到强度的拆模要及时清理运走，不能马上运走的必须码放整齐。各楼层内清理的垃圾不得长期堆放在楼层内，应及时运走，施工现场的垃圾应分类集中堆放。

库房搭设要符合要求，有防盗、防火措施，有收、发、存管理制度，有专人管理，账、物、卡三相符，各类物品堆放整齐，分类插挂标牌，安全物资必须有厂家的资质证明、安全生产许可证、产品合格证及原始发票复印件，保管员和安全员共同验收、签字。

易燃易爆物品不能混放，必须设置危险品仓库，分类存放，专人保管，班组使用的零散的各种易燃易爆物品，必须按有关规定存放。

工地水泥库搭设应符合要求，库内不进水、不渗水、有门有锁。各品种水泥按规定标号分别堆放整齐，专人管理，账、牌、物三相符，遵守先进先用、后进后用的原则。工具间整洁，各类物品堆放整齐，有专人管理，有收、发、存管理制度。

（二）库房安全管理

库房安全管理包括以下内容：

第一，严格遵守物资入库验收制度，对入库的物资要按名称、规格、数量、质量认真检查。加强对库存物资的防火、防盗、防汛、防潮、防腐烂、防变质等管理工作，使库存物资布局合理，存放整齐。

第二，严格执行物资保管制度，对库存物资做到布局合理、存放整齐，并做到标记明确、对号入座，摆设分层码垛、整洁美观，对易燃、易爆、易潮、易腐烂及剧毒危险物品应存放专用仓库或隔离存放，定期检查，做到勤检查、勤整理、勤清点、勤保养。

第三，存放爆炸物品的仓库不得同时存放性质相抵触的爆炸物品和其他物品，并不得超过规定的储存数量。存放爆炸物品的仓库必须建立严格的安全管理制度，禁止使用油灯、蜡烛和其他明火照明，不准把火种、易燃物品等容易引起爆炸的物品和铁器带入仓库，严禁在仓库内住宿、开会或加工火药，并禁止无关人员进入仓库。收存和发放爆炸物品必须建立严格的收发登记制度。

第四，在仓库内存放危险化学品应遵守以下规定：仓库与四周建筑物必须保持相应的安全距离，不准堆放任何可燃材料；仓库内严禁烟火，并禁止携带火种和引起火花的行为；明显的地点应有警告标志；加强货物入库验收和平时的检查制度，卸载、搬运易燃易爆化学物品时应轻拿轻放，防止剧烈震动、撞击和重压，确保危险化学品的储存安全。

五、现场办公与住宿

施工现场必须将施工作业区与生活区、办公区严格分开，不能混用，应有明显划分，有隔离和安全防护措施，防止发生事故。在建工程内不得兼作宿舍，因为在施工区内住宿会带来各种危险，如落物伤人、触电或洞口和临边防护不严而造成事故，又如两班作业时，施工噪声影响工人的休息。

职工宿舍要有卫生值日制度，实行室舍长负责，规定一周内每天卫生值日名单并张贴上墙，做到天天有人打扫，保持室内窗明地净，通风良好。宿舍内各类物品应堆放整齐，不到处乱放，应整齐美观。

宿舍内不允许私拉乱接电源，不允许烧电饭煲、电水壶、热得快等大功率电器，不允许做饭烧煤气，不允许用碘钨灯取暖、烘烤衣服。生活废水应集中排放，二楼以上也要有水源及水池，卫生区内无污水、无污染物，废水不得乱倒乱流。

项目经理部根据场所许可和临设的发展变化，应尽最大努力为广大职工提供家属区域，使全体职工感受企业的温暖。为了为全员职工服务，职工家属一次性来队不得超过

10天，逾期项目部不予安排住宿。职工家属子女来队探亲必须先到项目部登记，签订安全守则后，由项目部指定宿舍区号入室，不得任意居住，违者不予安排住宿。

来队家属及子女不得随意寄住和往返施工现场，如任意逗留施工现场，发生意外，一切后果由本人自负，项目部概不负责。家属宿舍内严禁使用煤炉、电炉、电炒锅、电饭煲，加工饭菜，一律到伙房打饭，违者按规章严加处罚。家属宿舍除本人居住外，不得任意留宿他人或转让他人使用，居住到期将钥匙交项目部，由项目部另作安排，如有违者按规定处罚。

六、现场防火

防火安全理论与技术

1. 火灾的定义及分类

（1）火灾是指在时间和空间上失去控制的燃烧所造成的灾害。

（2）火灾分为A、B、C、D、E五类。

A类火灾——固体物质火灾。如木材、棉、毛、麻、纸等燃烧引起的火灾。

B类火灾——液体火灾和可熔化的固体物质火灾。液体和可熔化的固体物质，如汽油、煤油、原油、甲醇、乙醇、沥青、石蜡等。

C类火灾——气体火灾。如煤气、天然气、甲烷、乙烷、丙烷、氢等引起的火灾。

D类火灾——金属火灾。如钾、钠、镁、钛、锂、铝、镁合金等引起的火灾。

E类火灾——电燃烧而导致的火灾。

2. 燃烧中的几个常用概念

（1）闪燃

在液体（固体）表面上能产生足够的可燃蒸气，遇火产生一闪即灭的火焰的燃烧现象称为闪燃。

（2）爆燃

以亚音速传播的爆炸现象称为爆燃。

（3）阴燃

没有火焰的缓慢燃烧现象称为阴燃。

（4）自燃

可燃物质在没有外部明火等火源的作用下，因受热或自身发热并蓄热所产生的自行燃烧现象称为自燃。亦即物质在无外界引火源条件下，由于其本身内部所进行的生物、物理、化学过程而产生热量，使温度上升，最后自行燃烧起来的现象。

（5）燃烧的必要条件

可燃物、氧化剂和温度（引火源）。只有这三个条件同时具备，才可能发生燃烧现象，无论缺少哪一个条件，燃烧都不可能发生。但是，并不是上述三个条件同时存在，就一定会发生燃烧现象，还必须这三个条件相互作用才能发生燃烧。

（6）燃烧的充分条件：一定的可燃物浓度；一定的氧气含量；一定的点火能量。

3. 灭火器的选择

根据不同类别的火灾有不同的选择。

A 类火灾可选用清水灭火器、泡沫灭火器、磷酸铵盐干粉灭火器（ABC 干粉灭火器）。

B 类火灾可选用干粉灭火器（ABC 干粉灭火器）、二氧化碳灭火器、泡沫灭火器（且泡沫灭火器只适用于油类火灾，而不适用于极性溶剂火灾）。

C 类火灾可选用干粉灭火器（ABC 干粉灭火器）、二氧化碳灭火器。

易发生上述三类火灾的部位一般配备 ABC 干粉灭火器，配备数量可根据部位面积而定。一般危险性场所按每 $75m^2$ 一具计算，每具重量为 4kg。四具为一组，并配有一个器材架。危险性地区或轻危险性地区可适量增减。

D 类火灾目前尚无有效灭火器，一般可用沙土。

E 类火灾可选用干粉灭火器（ABC 干粉灭火器）、二氧化碳灭火器。

4. 灭火的基本原理

通过窒息、冷却、隔离和化学抑制的灭火原理分别如下：

窒息灭火法——燃烧物质断绝氧气的助燃而熄灭。

隔离灭火——将燃烧物体附近的可燃烧物质隔离或疏散，使燃烧停止。

冷却灭火——可燃烧物质的温度降低到燃点以下而终止燃烧。

抑制灭火法——使灭火剂参与到燃烧反应过程中，使燃烧中产生的游离基消失。

5. 火灾火源的分类

火灾火源可分为直接火源和间接火源两大类。

（1）直接火源

主要有明火、电火花和雷电火三种。

①明火

如生产和生活用的炉火、灯火、焊接火、火柴、打火机的火焰，香烟头火，烟囱火星，撞击、摩擦产生的火星，烧红的电热丝、铁块，以及各种家用电热器、燃气的取暖器等产生的火。

②电火花

如电器开关、电动机、变压器等电器设备产生的电火花，还有静电火花，这些火花能使易燃气体和质地疏松、纤细的可燃物起火。

③雷电火

瞬间的高压放电，能引起任何可燃物质的燃烧。

（2）间接火源

主要有加热自燃起火和本身自燃起火两种。

6. 火灾报警

一般情况下，发生火灾后应一边组织灭火一边及时报警。

当现场只有一个人时，应一边呼救，一边处理，必须尽快报警，边跑边呼叫，以便取得他人的帮助。

报警时应注意的问题如下：①发现火灾迅速拨打火警电话 119；②报警时沉着冷静，要讲清失火详细地址、起火部位、着火物质、火势大小、报警人姓名及电话号码，并派人到路口迎候消防车。

灭火时应注意的问题如下：①首先要弄清起火的物质，再决定采用何种灭火器材；②运用一切能灭火的工具，就地取材灭火；③灭火器应对着火焰的根部喷射；④人员应站在上风口；⑤应注意周围的环境，防止塌陷和爆炸。

7. 火灾逃生

当处于烟火中，首先想办法逃走。如烟不浓可俯身行走；如烟太浓，须俯地爬行，并用湿毛巾捂住口鼻，以减少烟毒危害。

不要朝下风方向跑，最好是迂回绕过燃烧区，并向上风方向跑。

当楼房发生火灾时，如火势不大，可用湿棉被、毯子等披在身上，从火中冲过去；如楼梯已被火封堵，应立即通过屋顶由另外单元的楼梯脱险；如其他方法无效，可将绳子或撕开的被单连接起来，顺着往下滑；如时间来不及应先往地上抛一些棉被、沙发垫等物，以增加缓冲（适用于低层建筑）。

8. 火警时人员疏散

开启火灾应急广播，说明起火部位、疏散路线。

组织处于着火层等受火灾威胁的楼层人员，沿火灾蔓延的相反方向，向疏散走道、安全出口部位有序疏散。

在疏散过程中，应开启自然排烟窗，启动防排烟设施，保护疏散人员的安全；若没有排烟设施，则要提醒被疏散人员用湿毛巾捂住口鼻，靠近地面有秩序地往安全出口前行。

情况危急时，可利用逃生器材疏散人员。

9. 火场防爆

应首先查明燃烧区内有无发生爆炸的可能性。

扑救密闭室内火灾时，应先用手摸门的金属把手，如把手很热，绝不能贸然开门或站在门的正面灭火，以防爆炸。

扑救储存有易燃易爆物质的容器时，应及时关闭阀门或用水冷却容器。

装有油品的油桶如膨胀至椭圆形时，可能很快就会爆燃，救火人员不能站在油桶接口处和正面，且应加强对油桶的冷却保护。

竖立的液化气石油气瓶发生泄漏燃烧时，如火焰从橘红变成银白，声音从“吼”声变为“呲”声，那就会很快爆炸，应及时采取有力的应急措施并撤离在场人员。

10. 电气火灾发生的原因

常见的有电路老化、超负荷、潮湿、环境欠佳（主要指粉尘太大）等引起的电路短路、过载而发热起火。常见的起火地方有电制开关、导线的接驳位置、保险、照明灯具、电热器具。

第七章　建筑工程安全管理

第一节　建筑工程安全生产管理概述

一、安全与安全生产的概念

（一）安全

安全即没有危险、不出事故，是指人的身体健康不受伤害，财产不受损伤，保持完整无损的状态。安全可分为人身安全和财产安全两种情形。

（二）安全生产

狭义的安全生产是指生产过程处于避免人身伤害、物的损坏及其他不可接受的损害风险（危险）的状态。不可接受的损害风险（危险）通常是指超出了法律、法规和规章的要求；超出了安全生产的方针、目标和企业的其他要求；超出了人们普遍接受的（通常是隐含的）要求。

广义的安全生产除直接对生产过程的控制外，还应包括劳动保护和职业卫生健康。

安全是相对危险的接受程度来判定的，是一个相对的概念。世上没有绝对的安全，任何事物都存在不安全的因素，即都具有一定的危险性，当危险降低到人们普遍接受的程度时，就认为是安全的。

二、安全生产管理

（一）管理的概念

管理，简单的理解是“管辖”“处理”的意思，是管理者在特定的环境下，为了实现一定的目标，对其所能支配的各种资源进行有效的计划、组织、领导和控制等一系列活动的过程。

（二）安全生产管理的概念

在企业管理系统中，含有多个具有某种特定功能的子系统，安全管理就是其中的一个。这个子系统是由企业中有关部门的相应人员组成的。该子系统的主要目的就是通过管理的手段，实现控制事故、消除隐患、减少损失的目的，使整个企业达到最佳的安全水平，为劳动者创造一个安全舒适的工作环境。因而安全管理的定义为：以安全为目的，进行有关决策、计划、组织和控制方面的活动。

控制事故可以说是安全管理工作的核心，而控制事故最好的方式就是实施事故预防，即通过管理和技术手段相结合，消除事故隐患，控制不安全行为，保障劳动者的安全，这也是“预防为主”的本质所在。

在企业安全管理系统中，专业安全工作者起着非常重要的作用。他们既是企业内部上下沟通的纽带，更是企业领导者在安全方面的得力助手。在充分掌握资料的基础上，他们为企业安全生产实施日常监管工作，并向有关部门或领导提出安全改造、管理方面的建议。归纳起来，专业安全工作者的工作可分为以下四个部分。

1. 分析

对事故与损失产生的条件进行判断和估计，并对事故的可能性和严重性进行评价，即进行危险分析与安全评价，这是事故预防的基础。

2. 决策

确定事故预防和损失控制的方法、程序和规划，在分析的基础上制定合理可行的事故预防、应急措施及保险补偿的总体方案，并向有关部门或领导提出建议。

3. 信息管理

收集、管理并交流与事故和损失控制有关的资料、情报信息，并及时反馈给有关部门和领导，保证信息的及时交流和更新，为分析与决策提供依据。

4. 测定

对事故和损失控制系统的效能进行测定和评价，并为取得最佳效果做出必要的改进。

三、建筑工程安全生产管理的含义

所谓建筑工程安全生产管理，是指为保证建筑生产安全所进行的计划、组织、指挥、协调和控制等一系列管理活动，目的在于保护职工在生产过程中的安全与健康，保证国家和人民的财产不受损失，保证建筑生产任务地顺利完成。建筑工程安全生产管理包括建设行政主管部门对建筑活动过程中安全生产的行业管理，安全生产行政主管部门对建筑活动过程中安全生产的综合性监督管理，从事建筑活动的主体（包括建筑施工企业、建筑勘察单位、设计单位和工程监理单位）为保证建筑生产活动的安全生产所进行的自我管理等。

四、安全生产的基本方针

“安全第一、预防为主、综合治理”是我国安全生产管理的基本方针。《中华人民共和国建筑法》规定：“建筑工程安全生产管理必须坚持安全第一，预防为主的方针。”《中华人民共和国安全生产法》（以下简称《安全生产法》）在总结我国安全生产管理经验的基础上，再一次将“安全第一，预防为主”规定为我国安全生产的基本方针。

我国安全生产方针经历了从“安全生产”到“安全生产、预防为主”及“安全生产、预防为主、综合治理”的产生和发展过程，且强调在生产中要做好预防工作，尽可能地将事故消灭在萌芽状态。因此，对于我国安全生产方针的含义，应从这一方针的产生和发展去理解，归纳起来主要有以下几个方面内容。

（一）安全与生产的辩证关系

在生产建设中，必须用辩证统一的观点处理好安全与生产的关系。这就是说，项目领导者必须善于安排好安全工作与生产工作，特别是在生产任务繁忙的情况下，安全工作与生产工作发生矛盾时，更应处理好两者的关系，不要把安全工作挤掉。越是生产任务忙，越要重视安全，把安全工作做好，否则，导致工伤事故，既妨碍生产，又影响企业信誉，这是多年来生产实践得出的一条重要经验。

（二）安全生产工作必须强调“预防为主”

安全生产工作的“预防为主”是现代生产发展的需要。现代科学技术日新月异，而且往往又是多学科综合运用，安全问题十分复杂，稍有疏忽就会酿成事故。“预防为主”就是要在事故前做好安全工作。“防患于未然”就是依靠科技进步，加强安全科学管理，搞好科学预测与分析工作，把工伤事故和职业危害消灭在萌芽状态。“安全第一、预防为主”两者是相辅相成、相互促进的。“预防为主”是实现“安全第一”的基础。要想做到“安全第一”，首先要搞好预防措施，只有预防工作做好了，就可以保证安全生产，实现“安全第一”，否则“安全第一”就是一句空话，这也是在实践中得出的一条重要经验。

（三）安全生产工作必须强调“综合治理”

由于现阶段我国安全生产工作出现严峻形势的原因是多方面的，既有安全监管体制和制度方面的原因，有法律制度不健全的原因，也有科技发展落后的原因，还与整个民族安全文化素质有密切的关系等，因此要做好安全生产工作就要在完善安全生产管理的体制机制、加强安全生产法治建设、推动安全科学技术创新、弘扬安全文化等方面进行综合治理，才能真正做好安全生产工作。

五、建筑施工安全管理中的不安全因素

（一）人的不安全因素

人的不安全因素是指对安全产生影响的人的方面的因素，即能够使系统发生故障或发生性能不良的事件的人员、个人的不安全因素以及违背设计和安全要求的人的错误行为。人的不安全因素可分为个人的不安全因素和人的不安全行为两大类。

1. 个人的不安全因素

个人的不安全因素是指人员的心理、生理、能力中所具有不能适应工作、作业岗位要求的影响安全的因素。

2. 人的不安全行为

人的不安全行为是指造成事故的人为错误，是人为地使系统发生故障或发生性能不良事件的行为，是违背设计和操作规程的错误行为。

人的不安全行为产生的主要原因有系统、组织的原因，思想责任感的原因，工作的原因。诸多事故分析表明，绝大多数事故不是因技术解决不了造成的，多是由于违规、违章所致。由于安全上降低标准、减少投入，安全组织措施不落实，不建立安全生产责任制，缺乏安全技术措施，没有安全教育、安全检查制度，不做安全技术交底，违章指挥、违章作业、违反劳动纪律等人为的原因，因此必须重视和防止产生人的不安全因素。

（二）施工现场物的不安全状态

物的不安全状态是指可能导致事故发生的物质条件，包括机械设备等物质或环境所存在的不安全因素。

1. 物的不安全状态的内容

①物（包括机器、设备、工具、物质等）本身存在的缺陷；②防护保险方面的缺陷；③物的放置方法的缺陷；④作业环境场所的缺陷；⑤外部和自然界的不安全状态；⑥作业方法导致的物的不安全状态；⑦保护器具信号、标志和个体防护用品的缺陷。

2. 物的不安全状态的类型

①防护等装置缺乏或有缺陷；②设备、设施、工具、附件有缺陷；③个人防护用品用具缺少或有缺陷；④施工生产场地环境不良。

（三）管理上的不安全因素

管理上的不安全因素，通常又称为管理上的缺陷，也是事故潜在的不安全因素，作为间接的原因主要有以下六个方面：①技术上的缺陷；②教育上的缺陷；③生理上的缺陷；④心理上的缺陷；⑤管理工作上的缺陷；⑥教育和社会、历史上的原因造成的缺陷。

六、建设工程安全生产管理的特点

（一）安全生产管理涉及面广、涉及单位多

由于建设工程规模大，生产周期长，生产工艺复杂、工序多，在施工过程中流动作业多、高处作业多、作业位置多变及多工种的交叉作业等，遇到不确定因素多，因此安全管理工作涉及范围大、控制面广。建筑施工企业是安全管理的主体，但安全管理不仅是施工单位的责任，材料供应单位、建设单位、勘察设计单位、监理单位以及建设行政主管部门等，也要为安全管理承担相应的责任与义务。

（二）安全生产管理的动态性

1. 建设工程项目的单件性及建筑施工的流动性

建设工程项目的单件性，使得每项工程所处的条件不同，所面临的危险因素和防范措施也会有所改变，员工在转移工地后，熟悉一个新的工作环境需要一定的时间，有些制度和安全技术措施会有所调整，员工同样需要一个熟悉的过程。

2. 工程项目施工的分散性

因为现场施工是分散于施工现场的各个部位，尽管有各种规章制度和安全技术交底的环节，但是面对具体的生产环境时，仍然需要自己的判断和处理，有经验的人员还必须适应不断变化的情况。

3. 产品多样性，施工工艺多变性

建设产品具有多样性，施工生产工艺具有复杂多变性，如一栋建筑物从基础、主体至竣工验收，各道施工工序均有其不同的特性，其不安全因素各不相同。同时，随着工程建设进度，施工现场的不安全因素也在随时变化，要求施工单位必须针对工程进度和施工现场实际情况及时采取安全技术措施和安全管理措施并予以保证。

（三）产品的固定性导致作业环境的局限性

建筑产品坐落在一个固定的位置上，导致必须在有限的场地和空间上集中大量的人力、物资、机具来进行交叉作业，导致作业环境的局限性，因而容易产生物体打击等伤亡事故。

（四）露天作业导致作业条件的恶劣性

建设工程施工大多是在露天空旷的场地上完成的，导致工作环境相当艰苦，容易发生伤亡事故。

（五）体积庞大带来了施工作业的高空性

建设产品的体积十分庞大，操作工人大多在十几米甚至几百米进行高空作业，因而

容易产生高空坠落的伤亡事故。

（六）手工操作多、体力消耗大、强度高导致个体劳动保护任务艰巨

在恶劣的作业环境下，施工工人的手工操作多、体能耗费大，劳动时间和劳动强度都比其他行业要大，其职业危害严重，带来了个人劳动保护的艰巨性。

（七）多工种立体交叉作业导致安全管理的复杂性

近年来，由于建筑由低向高发展，劳动密集型的施工作业只能在极其有限的空间展开，致使施工作业的空间要求与施工条件的供给的矛盾日益突出，这种多工种的立体交叉作业将导致机械伤害、物体打击等事故增多。

（八）安全生产管理的交叉性

建设工程项目是开放系统，受自然环境和社会环境影响很大，安全生产管理需要将工程系统、环境系统及社会系统相结合。

（九）安全生产管理的严谨性

安全状态具有触发性，安全管理措施必须严谨，一旦失控，就会造成损失和伤害。

七、施工现场安全管理的范围与原则

（一）施工现场安全管理的范围

安全管理的中心问题是保护生产活动中人的健康与安全以及财产不受损伤，保证生产顺利地进行。

概括地讲，宏观的安全管理包括劳动保护、施工安全技术和职业健康安全，它们是既相互联系又相互独立的三个方面。①劳动保护偏重于以法律、法规、规程、条例、制度等形式规范管理或操作行为，从而使劳动者的劳动安全与身体健康得到应有的法律保障。②施工安全技术侧重于对“劳动手段与劳动对象”的管理，包括预防伤亡事故的工程技术和安全技术规范、规程、技术规定、标准条例等，以规范物的状态，减轻对人或物的威胁。③职业健康安全着重于施工生产中粉尘、振动、噪声、毒物的管理。通过防护、医疗、保健等措施，保护劳动者的安全与健康，保护劳动者不受有害因素的危害。

（二）施工现场安全管理的基本原则

1. 管生产的同时管安全

安全寓于生产之中，并对生产发挥促进与保证作用，安全管理是生产管理的重要组成部分，在实施过程中，安全与生产存在着密切联系，没有安全就绝不会有高效益的生产。事实证明，只抓生产忽视安全管理的观念和做法是极其危险和有害的。因此，各级

管理人员必须负责管理安全工作，在管理生产的同时管理好安全。

2. 明确安全生产管理的目标

安全管理的内容是对生产中人、物、环境因素状态的管理，有效地控制人的不安全行为和物的不安全状态，消除或避免事故，达到保护劳动者安全与健康和财物不受损伤的目标。

有了明确的安全生产目标，安全管理就有了清晰的方向。安全管理的一系列工作才可能朝着这一目标有序展开。没有明确的安全生产目标，安全管理就成了一种盲目的行为。盲目的安全管理，人的不安全行为和物的不安全状态就不会得到有效的控制，危险因素依然存在，事故最终不可避免。

3. 必须贯彻“预防为主”的方针

安全生产的方针是“安全第一、预防为主、综合治理”。“安全第一”是把人身和财产安全放在首位，安全为了生产，生产必须保证人身和财产安全，充分体现“以人为本”的理念。

“预防为主”是实现安全第一的重要手段，采取正确的措施和方法进行安全控制，使安全生产形势向安全生产目标的方向发展。进行安全管理不是进行处理事故，而是在生产活动中针对生产的特点，对各生产因素进行管理，有效地控制不安全因素的发生、发展与扩大，把事故隐患消灭在萌芽状态。

4. 坚持“四全”动态管理

安全管理涉及生产活动中的方方面面，涉及参与安全生产活动的各个部门和每一个人，涉及从开工到竣工交付的全部生产过程，涉及全部的生产时间，涉及一切变化着的生产因素。因此，生产活动中必须坚持全员、全过程、全方位、全天候的动态安全管理。

5. 安全管理重在控制

进行安全管理的目的是预防、消灭事故，防止或消除事故伤害，保护劳动者的安全与健康及财产安全。在安全管理的前四项内容中，虽然都是为了达到安全管理的目标，但是对安全生产因素状态的控制与安全管理的关系更为直接，显得更为突出，因此对生产中的人的不安全行为和物的不安全状态的控制，必须看作动态安全管理的重点。事故的发生是由于人的不安全行为运动轨迹与物的不安全状态运动轨迹的交叉。事故发生的原理也说明了对生产因素状态的控制应该当作安全管理重点。把约束当作安全管理重点是不正确的，是因为约束缺乏带有强制性的手段。

6. 在管理中发展、提高

既然安全管理是在变化着的生产活动中的管理，是一个动态的过程，其管理就意味着是不断发展的、不断变化的，以适应变化的生产活动。然而更为重要的是要不间断地摸索新的规律，总结管理、控制的办法与经验，掌握新的变化后的管理方法，从而使安全管理不断地上升到新的高度。

第二节　建筑工程安全生产相关法规

一、安全生产法规与技术规范

（一）安全生产法规

安全生产法规是指国家关于改善劳动条件，实现安全生产，为保护劳动者在生产过程中的安全和健康而制定的各种法律、法规、规章和规范性文件的总和，是必须执行的法律规范。

（二）安全技术规范

安全技术规范是指人们关于合理利用自然力、生产工具、交通工具和劳动对象的行为准则。安全技术规范是强制性的标准。违反规范、规程造成事故，往往会给个人和社会带来严重危害。为了有利于维护社会秩序和工作秩序，把遵守安全技术规范确定为法律义务，有时把它直接规定在法律文件中，使之具有法律规范的性质。

二、安全生产相关法规与行业标准

建筑业作为国民经济的重要支柱产业之一，建筑业的发展对推动国民经济发展、促进社会进步、提高人民生活水平具有重要意义。建设工程安全是建筑施工的核心内容之一。建设工程安全既包括建筑产品自身安全，也包括其毗邻建筑物的安全，还包括施工人员的人身安全。而建设工程质量最终是通过建筑物的安全和使用情况来体现的。因此，建筑活动的各个阶段、各个环节都必须紧扣建设工程的质量和安全加以规范。

三、建筑施工企业安全生产许可证制度

《建筑施工企业安全生产许可证管理规定》于2004年6月29日经第37次建设部常务会议讨论通过，并自2004年7月5日起施行，2015年1月22日住房和城乡建设部令23号修订。

（一）安全生产许可证的申请与颁发

（1）建筑施工企业从事建筑施工活动前，应当依照规定向省级以上的建设主管部门申请领取安全生产许可证。中央管理的建筑施工企业（集团公司、总公司）应当向国务院建设主管部门申请领取安全生产许可证。

（2）建筑施工企业申请安全生产许可证时，应当向建设主管部门提供下列材料：①建筑施工企业安全生产许可证申请表。②企业法人营业执照。③具备取得生产许可证规定的相关文件、材料。

建筑施工企业申请安全生产许可证，应当对申请材料实质内容的真实性负责，不得隐瞒有关情况或者提供虚假材料。

（3）建设主管部门应当自受理建筑施工企业的申请之日起 45 日内审查完毕；经审查符合安全生产条件的，颁发安全生产许可证；不符合安全生产条件的，不予颁发安全生产许可证，书面通知企业并说明理由。企业自接到通知之日起应当进行整改，整改合格后方可再次提出申请。

（4）安全生产许可证的有效期为 3 年。安全生产许可证有效期满需要延期的，企业应当于期满前 3 个月向原安全生产许可证颁发管理机关申请办理延期手续。

企业在安全生产许可证在有效期内，严格遵守有关安全生产的法律、法规，未发生死亡事故的，安全生产许可证有效期届满时，经原安全生产许可证颁发管理机关同意，不再审查，安全生产许可证有效期延期 3 年。

（5）建筑施工企业变更名称、地址、法定代表人等，应当在变更后 10 日内，到原安全生产许可证颁发管理机关办理安全生产许可证变更手续。

（6）建筑施工企业破产、倒闭、撤销的，应当将安全生产许可证交回原安全生产许可证颁发管理机关予以注销。

（7）建筑施工企业遗失安全生产许可证，应当立即向原安全生产许可证颁发管理机关报告，并在公众媒体上声明作废后，方可申请补办。

（8）安全生产许可证申请表采用中华人民共和国住房和城乡建设部规定的统一式样。

（二）监督管理

（1）县级以上人民政府建设主管部门应当加强对建筑施工企业安全生产许可证的监督管理。建设主管部门在审核发放施工许可证时，应当对已经确定的建筑施工企业是否有安全生产许可证进行审查，对没有取得安全生产许可证的，不得颁发施工许可证。

（2）跨省从事建筑施工活动的建筑施工企业有违反《建筑施工企业安全生产许可证管理规定》行为的，由工程所在地的省级人民政府建设主管部门将建筑施工企业在本地区的违法事实、处理结果和处理建议报告安全生产许可证颁发管理机关。

（3）建筑施工企业取得安全生产许可证后，不得降低安全生产条件，并应当加强日常安全生产管理，接受建设主管部门的监督检查。安全生产许可证颁发管理机关发现企业不再具备安全生产条件的，应当暂扣或者吊销安全生产许可证。

（4）安全生产许可证颁发管理机关或者其上级行政机关发现有下列情形之一的，

可以撤销已经颁发的安全生产许可证：

①安全生产许可证颁发管理机关工作人员滥用职权、玩忽职守颁发安全生产许可证的。

②超越法定职权颁发安全生产许可证的。

③违反法定程序颁发安全生产许可证的。

④对不具备安全生产条件的建筑施工企业颁发安全生产许可证的。

⑤依法可以撤销已经颁发的安全生产许可证的其他情形。

依照规定撤销安全生产许可证，建筑施工企业的合法权益受到损害的，建设主管部门应当依法给予赔偿。

（5）安全生产许可证颁发管理机关应当建立、健全安全生产许可证档案管理制度，并定期向社会公布企业取得安全生产许可证的情况，每年向同级安全生产监督管理部门通报建筑施工企业安全生产许可证颁发和管理情况。

（6）建筑施工企业不得转让、冒用安全生产许可证或者使用伪造的安全生产许可证。

（7）建设主管部门工作人员在安全生产许可证颁发、管理和监督检查工作中，不得索取或者接受建筑施工企业的财物，不得谋取其他利益。

（8）对于任何单位或者个人对违反《建筑施工企业安全生产许可证管理规定》的行为，有权向安全生产许可证颁发管理机关或者监察机关等有关部门举报。

（三）对违反规定的处罚

（1）建设主管部门工作人员有下列行为之一的，给予降级或撤职的行政处分；构成犯罪的，应依法追究刑事责任：

①向不符合安全生产条件的建筑施工企业颁发安全生产许可证的。

②发现建筑施工企业未依法取得安全生产许可证擅自从事建筑施工活动，不依法处理的。

③发现取得安全生产许可证的建筑施工企业不再具备安全生产条件，不依法处理的。

④接到对违反《建筑施工企业安全生产许可证管理规定》行为的举报后，不及时处理的。

⑤在安全生产许可证颁发、管理和监督检查工作中，索取或者接受建筑施工企业的财物，或者谋取其他利益的。

（2）取得安全生产许可证的建筑施工企业，发生重大安全事故的，暂扣安全生产许可证并限期整改。

（3）建筑施工企业不再具备安全生产条件的，暂扣安全生产许可证并限期整改；情节严重的，吊销安全生产许可证。

（4）违反《建筑施工企业安全生产许可证管理规定》，建筑施工企业未取得安全生产许可证擅自从事建筑施工活动的，责令其在建项目停止施工，没收违法所得，并处

10万元以上、50万元以下的罚款；造成重大安全事故或者其他严重后果、构成犯罪的，依法追究刑事责任。

（5）违反《建筑施工企业安全生产许可证管理规定》，安全生产许可证有效期满未办理延期手续、继续从事建筑施工活动的，责令其在建项目停止施工，限期补办延期手续，没收违法所得，并处5万元以上、10万元以下的罚款；逾期仍不办理延期手续、继续从事建筑施工活动的，依照上一条的规定处罚。

（6）违反《建筑施工企业安全生产许可证管理规定》，建筑施工企业转让安全生产许可证的，没收违法所得，处10万元以上、50万元以下的罚款，并吊销安全生产许可证；构成犯罪的，依法追究刑事责任；接受转让的，依照《建筑施工企业安全生产许可证管理规定》第二十四条的规定处罚。

（7）违反《建筑施工企业安全生产许可证管理规定》，建筑施工企业隐瞒有关情况或者提供虚假材料申请安全生产许可证的，不予受理或者不予颁发安全生产许可证，并给予警告，一年内不得申请安全生产许可证。建筑施工企业以欺骗、贿赂等不正当手段取得安全生产许可证的，撤销安全生产许可证，三年内不得再次申请安全生产许可证；构成犯罪的，依法追究刑事责任。

（8）《建筑施工企业安全生产许可证管理规定》的暂扣、吊销安全生产许可证的行政处罚，由安全生产许可证的颁发管理机关决定；其他行政处罚，由县级以上地方人民政府建设主管部门决定。

第三节　安全管理体系、制度及实施办法

一、建立安全生产管理体系

为了贯彻“安全第一、预防为主、综合治理”的方针，建立、健全安全生产责任制和群防群治制度，确保工程项目施工过程中的人身和财产安全，减少一般事故的发生，应结合工程的特点，建立施工项目安全生产管理体系。

（一）建立安全生产管理体系的原则

第一，要适用于建设工程施工项目全过程的安全管理和控制。

第二，依据《中华人民共和国建筑法》，职业安全卫生管理体系标准，国际劳工组织167号公约及国家有关安全生产的法律、行政法规和规程进行编制。

第三，建立安全生产管理体系必须包含的基本要求和内容。项目经理部应结合各自实际情况加以充实，建立安全生产管理体系，确保项目的施工安全。

第四，建筑施工企业应加强对施工项目的安全管理，指导、帮助项目经理部建立、实施并保持安全生产管理体系。施工项目安全生产管理体系必须由总承包单位负责策划建立，生产分包单位应结合分包工程的特点，制订适宜的安全保证计划，并纳入接受总承包单位安全管理体系的管理。

（二）建立安全生产管理体系的作用

第一，职业安全卫生状况是经济发展和社会文明程度的反映，是所有劳动者获得安全与健康的保证，是社会公正、安全、文明、健康发展的基本标志，也是保持社会安定、团结和经济可持续发展的重要条件。

第二，安全生产管理体系对企业环境的安全卫生状态规定了具体的要求和限定，通过科学管理，使工作环境符合安全卫生标准的要求。

第三，安全生产管理体系的运行主要依赖于逐步提高、持续改进，是一个动态、自我调整和自我完善的管理系统，同时是职业安全卫生管理体系的基本思想。

第四，安全生产管理体系是项目管理体系中的一个子系统，其循环也是整个管理系统循环的一个子系统。

二、安全生产管理方针

安全生产的各项制度应本着如下原则进行。

（一）安全意识在先

由于各种原因，我国公民的安全意识相对淡薄。关爱生命、关注安全是全社会政治、经济和文化生活的主题之一。重视和实现安全生产，必须有很强的安全意识。

（二）安全投入在先

生产经营单位要具备法定的安全生产条件，必须有相应的资金保障，安全投入是生产经营单位的“救命钱”。《安全生产法》把安全投入作为必备的安全保障条件之一，要求“生产经营单位应当具备的安全投入，由生产经营单位的决策机构、主要负责人或者个人经营的投资人予以保证，并对安全生产所必需的资金投入不足导致的后果承担责任”。不依法保障安全投入的，将承担相应的法律责任。

（三）安全责任在先

实现安全生产，必须建立、健全各级人民政府及有关部门和生产经营单位的安全生产责任制，各负其责，齐抓共管。《安全生产法》突出了安全生产监督管理部门和有关部门主要负责人及监督执法人员的安全责任，突出了生产经营单位主要负责人的安全责任，目的在于通过明确安全责任来促使他们重视安全生产工作，加强领导。

（四）建章立制在先

“预防为主”需要通过生产经营单位制定并落实各种安全措施和规章制度来实现。建章立制是实现“预防为主”的前提条件。《安全生产法》对生产经营单位建立、健全和组织实施安全生产规章制度和安全措施等问题做出的具体规定，是生产经营单位必须遵守的行为规范。

（五）隐患预防在先

消除事故隐患、预防事故发生是生产经营单位安全工作的重中之重。《安全生产法》从生产经营的各个主要方面，对事故预防的制度、措施和管理都做出了明确规定。只要认真贯彻实施，就能够把重大、特大事故的发生率大幅降低。

（六）监督执法在先

各级人民政府及其安全生产监督管理部门和有关部门强化安全生产监督管理，加大行政执法力度，是预防事故、保证安全的重要条件。安全生产监督管理工作的重点、关口必须前移，放在事前、事中监管上。要通过事前、事中监管，依照法定的安全生产条件，把住安全准入“门槛”，坚决把那些不符合安全生产条件或者不安全因素多、事故隐患严重的生产经营单位排除在安全准入“门槛”之外。

三、安全生产管理组织机构

（一）公司安全管理机构

建筑公司要设专职安全管理部门，配备专职人员。公司安全管理部门是公司一个重要的施工管理部门，是公司经理贯彻执行安全施工方针、政策和法规，实行安全目标管理的具体工作部门，是领导的参谋和助手。建筑公司施工队以上的单位，要设专职安全员或安全管理机构，公司的安全技术干部或安全监察干部应列为施工人员，不能随便调动。

根据国家建筑施工企业资质等级相关规定，建筑一、二级公司的安全员，必须持有中级岗位合格证书；三、四级公司安全员全部持有初级岗位合格证书。安全施工管理工作技术性、政策性、群众性很强，因此安全管理人员应挑选责任感强、有一定的经验和相当文化程度的工程技术人员担任，以利于促进安全科技活动，进行目标管理。

（二）项目处安全管理机构

公司下属的项目处是组织和指挥施工的单位，对管理施工、管理安全有着极为重要的影响。项目处经理作为本单位安全施工工作第一责任者，要根据本单位的施工规模及职工人数设置专职安全管理机构或配备专职安全员，并建立项目处领导干部安全施工值班制度。

（三）工地安全管理机构

工地应成立以项目经理为负责人的安全施工管理小组，配备专（兼）职安全管理员，同时要建立工地领导成员轮流安全施工值日制度，解决和处理施工中的安全问题和进行巡回安全监督检查。

（四）班组安全管理组织

班组是搞好安全施工的前沿阵地，加强班组安全建设是公司加强安全施工管理的基础。各施工班组要设不脱产安全员，协助班组长搞好班组安全管理。各班组要坚持岗位安全检查、安全值日和安全日活动制度，同时要坚持做好班组安全记录。由于建筑施工点多、面广、流动、分散，一个班组人员往往不会集中在一处作业。因此，工人要提高自我保护意识和自我保护能力，在同一作业面的人员要相互关照。

四、安全生产责任制

（一）总包、分包单位的安全责任

1. 总包单位的职责

（1）项目经理是项目安全生产的第一负责人，必须认真贯彻、执行国家和地方的有关安全法规、规范、标准，严格按文明安全工地标准组织施工生产，确保实现安全控制指标和文明安全工地达标计划。

（2）建立、健全安全生产保证体系，根据安全生产组织标准和工程规模设置安全生产机构，配备安全检查人员，并设置 5 ~ 7 人（含分包）的安全生产委员会或安全生产领导小组，定期召开会议（每月不少于一次），负责对本工程项目安全生产工作的重大事项及时做出决策，组织督促检查实施，并将分包的安全人员纳入总包管理，统一活动。

（3）根据工程进度情况，除进行不定期、季节性的安全检查外，工程项目经理部每半月由项目执行经理组织一次检查，每周由安全部门组织各分包方进行专业（或全面）检查。对检查到的隐患，责成分包方和有关人员立即或限期进行消除整改。

（4）工程项目部（总包方）与分包方应在工程实施前或进场的同时及时签订含有明确安全目标和职责条款划分的经营（管理）合同或协议书；当不能按期签订时，必须签订临时安全协议。

（5）根据工程进展情况和分包进场时间，应分别签订年度或一次性的安全生产责任书或责任状，做到总分包在安全管理上责任划分明确，有奖有罚。

（6）项目部实行“总包方统一管理，分包方各负其责”的施工现场管理体制，负责对发包方、分包方和上级各部门或政府部门的综合协调管理工作。工程项目经理对施工现场的管理工作负全面领导责任。

（7）项目部有权限期责令分包方将不能尽责的施工管理人员调离本工程，重新配备符合总包要求的施工管理人员。

2. 分包单位的职责

（1）分包单位的项目经理、主管副经理是安全生产管理工作的第一责任人，必须认真贯彻执行总包方在执行的有关规定、标准以及总包方的有关决定和指示，按总包方的要求组织施工。

（2）建立、健全安全保障体系。根据安全生产组织标准设置安全机构，配备安全检查人员，每 50 人要配备一名专职安全人员，不足 50 人的要设一名兼职安全人员，并接受工程项目安全部门的业务管理。

（3）分包方在编制分包项目或单项作业的施工方案或冬雨期方案措施时，必须同时编制安全消防技术措施，并经总包方审批后方可实施，如改变原方案，必须重新报批。

（4）分包方必须执行逐级安全技术交底制度和班组长班前安全讲话制度，并跟踪检查管理。

（5）分包方必须按规定执行安全防护设施、设备验收制度，并履行书面验收手续，建档存查。

（6）分包方必须接受总包方及其上级主管部门的各种安全检查并接受奖罚。在生产例会上应先检查、汇报安全生产情况。在施工生产过程中，切实把好安全教育、检查、措施、交底、防护、文明、验收等七关，做到预防为主。

（7）对安全管理漏洞多、施工现场管理混乱的分包单位除进行罚款处理外，对问题严重、屡禁不止，甚至不服从管理的分包单位，予以解除经济合同。

3. 业主指定分包单位的职责

（1）必须具备与分包工程相应的企业资质，并具备“建筑施工企业安全资格认可证”。

（2）建立、健全安全生产管理机构，配备安全员；接受总包方的监督、协调和指导，实现总包方的安全生产目标。

（3）独立完成安全技术措施方案的编制、审核和审批，对自行施工范围内的安全措施、设施进行验收。

（4）对分包范围内的安全生产负责，对所辖职工的身体健康负责，为职工提供安全的作业环境，自带设备与手持电动工具的安全装置齐全、灵敏、可靠。

（5）履行与总包方和业主签订的总分包合同及“安全管理责任书”中的有关安全生产条款。

（6）自行完成所辖职工的合法用工手续。

（7）自行开展总包方所规定的各项安全活动。

（二）租赁双方的安全责任

1. 大型机械（塔式起重机、外用电梯等）租赁、安装、维修单位的职责

（1）各单位必须具备相应资质。

（2）所租赁的设备必须具备统一编号，其机械性能良好，安全装置齐全、灵敏、可靠。

（3）在当地施工时，租赁外埠塔式起重机和施工用电梯或外地分包自带塔式起重机和施工用电梯，使用前必须在本地建设主管部门登记备案并取得统一临时编号。

（4）租赁、维修单位对设备的自身质量和安装质量负责，定期对其进行维修、保养。

（5）租赁单位向使用单位配备合格的司机。

2. 承租方对施工过程中设备的使用安全负责

承租方对施工过程中设备的使用安全负责任，应参照相关安全生产管理条例的规定。

（三）交叉施工（作业）的安全责任

（1）总包和分包的工程项目负责人，对工程项目中的交叉施工（作业）负总的指挥、领导责任。总包对分包、分包对分项承包单位或施工队伍，要加强安全消防管理，科学组织交叉施工，在没有针对性的书面技术交底、方案和可靠防护措施的情况下，禁止上下交叉施工作业，防止和避免发生事故。

（2）总包与分包、分包与分项外包的项目工程负责人，除在签署合同或协议中明确交叉施工（作业）各方的责任外，还应签订安全消防协议书或责任状，划分交叉施工中各方的责任区和各方的安全消防责任，同时应建立责任区及安全设施的交接和验收手续。

（3）交叉施工作业上部施工单位应为下部施工人员提供可靠的隔离防护措施，确保下部施工作业人员的安全。在隔离防护设施未完善前，下部施工作业人员不得进行施工。隔离防护设施完善后，经上下方责任人和有关人员验收合格后，才能进行施工作业。

（4）工程项目或分包的施工管理人员在交叉施工前，对交叉施工的各方做出明确的安全责任交底，各方必须在交底后组织施工作业。安全责任交底中，应对各方的安全消防责任、安全责任区的划分，以及安全防护设施的标准、维护等内容做出明确要求，并经常监督和检查执行情况。

（5）交叉施工作业中的隔离防护设施及其他安全防护设施由安全责任方提供。当安全责任方因故无法提供防护设施时，可由非责任方提供，责任方负责日常维护和支付租赁费用。

（6）交叉施工作业中的隔离防护设施及其他安全防护设施的完善性和可靠性，应由责任方负责。由于隔离防护设施或安全防护存在缺陷而导致的人身伤害及设备、设施、料具的损失责任，由责任方承担。

（7）工程项目或施工区域出现交叉施工作业安全责任不清或安全责任区划分不明确时，总包和分包应积极、主动地进行协调和管理。各分包单位之间进行交叉施工，其他各方应积极主动予以配合，在责任不清、意见不统一时，由总承包的工程项目负责人或工程调度部门出面协调、管理。

（8）在交叉施工作业中，防护设施（如电梯井门、护栏、安全网、坑洞口盖板等）完善验收后，非责任方不经总包、分包或有关责任方同意，不准任意改动。因施工作业必须改动时，写出书面报告，须经总、分包和有关责任方同意才准改动，但必须采取相应的防护措施。工作完成或下班后必须恢复原状，否则非责任方负一切后果责任。

（9）电气焊割作业严禁与油漆、喷漆、防水、木工等进行交叉作业，在工序安排上应先安排焊割等明火作业。如果必须先进行油漆、防水作业，施工管理人员在确认排除有燃爆可能的情况下，再安排电气焊割作业。

（10）凡进入总包施工现场的各分包单位或施工队伍，必须严格执行总包方所执行的标准、规定、条例、办法，按标准化文明安全工地组织施工。对不按总包方要求组织施工、现场管理混乱、隐患严重、影响文明安全工地整体达标或给交叉施工作业的其他单位造成不安全问题的分包单位或施工队伍，总包方有权给予经济处罚或终止合同，清出现场。

第八章　塔式起重机安全管理

塔式起重机的起重臂与塔身能互成垂直，可把它安装在靠近建筑物的周围，其工作幅度的利用率比普通起重机高，可达 80%。塔式起重机的工作高度可达 100 ~ 160 m，故被广泛适用于高层建筑施工。

第一节　塔式起重机安全技术要求

一、塔式起重机的技术性能参数和主要类型

（一）基本技术性能参数

1. 起重力矩

它是塔式起重机起重能力的主要参数。起重力矩（N·m）= 起重量 × 工作幅度。

2. 起重量

它是起重吊钩上所悬挂的索具与重物的重量之和（N）。对于起重量要考虑两个数据：第一，最大工作幅度时的起重量；第二，最大额定起重量。

3. 工作幅度

工作幅度也称回转半径，它是起重机吊钩中心到塔式起重机回转中心线之间的水平距离（m）。

4. 起重高度

在最大工作幅度时，吊钩中心至轨顶面的垂直距离（m）。

5. 轨距

视塔式起重机的整体稳定和经济效果而定。

（二）主要类型

1. 塔式起重机按工作方法可分为固定式塔式起重机与运行式塔式起重机两种。

（1）固定式塔式起重机

塔身不移动，靠塔臂的转动和小车变幅来完成壁杆所能达到的范围内的作业，如爬

升式、附着式塔式起重机等。

（2）运行式塔式起重机

可由一个作业面移到另一个作业面，并可载荷运行。在建筑群中使用，无须拆卸，即可通过轨道移到新的工作点，如轨道式塔式起重机。

2. 按旋转方式可分为上旋式和下旋式两种。

（1）上旋式

塔身不旋转，在塔顶上安装可旋转的起重臂，起重臂旋转时不受塔身限制。

（2）下旋式

塔身与起重臂共同旋转，起重臂与塔顶固定。

二、塔式起重机的主要安全装置

塔式起重机的主要安全装置包括起重量限制器、高度限制器、力矩限制器、行程限制器、幅度限制器、卷筒保险装置及吊钩保险装置。

（一）起重量限制器

它是一种能使起重机不至超负荷运行的保险装置，当吊重超过额定起重量时，能自动切断起升机构的电源，停车或发出警报。

（二）高度限制器

高度限制器一般都装在起重臂的头部，当吊钩滑升到极限位置，便托起杠杆，压下限位开关，切断电路停车，再合闸时，吊钩只能下降。

（三）力矩限制器

力矩限制器的作用是在某一定幅度范围内，如果被吊物重量超出起重机额定起重量，电路就被切断，使起升不能进行，保证了起重机的稳定安全。

（四）行程限制器

它是一种防止起重机发生撞车或限制在一定范围内行驶的保险装置。

（五）幅度限制器

一般的动臂起重机的起重臂上都挂有这个幅度限制器。当起重臂变幅，臂杆运行到上下两个极限位置时，会压下限位开关，切断主控制电路，变幅电机停车，达到限位的作用。

（六）卷筒保险装置

为防止钢丝绳因缠绕不当越出卷筒之外造成事故，应设置卷筒保险装置。

（七）吊钩保险装置

吊钩保险装置是防止吊钩上的吊索自动脱落的一种保险装置。

三、塔式起重机的稳定性计算

对塔式起重机在吊重状态和不工作状态两种情况，都应进行稳定性计算。前者称为“起重稳定性”，后者称为“自重稳定性”。由于塔式起重机的旋转幅度大、起重高度高，计算时还应考虑风荷载、惯性力和地面倾斜度等因素的影响。

四、塔式起重机使用的安全技术要求

塔式起重机使用的安全技术要求分附着式、爬升式与轨道式。

（一）附着式、爬升式塔式起重机的安全技术要求

附着式、爬升式塔式起重机除需满足塔式起重机的通用安全技术要求外，还应遵守以下事项：

第一，附着式或爬升式起重机的基础和附着的建筑物其受力强度必须满足塔式起重机的设计要求。

第二，附着式塔式起重机安装时，应用经纬仪检查塔身的垂直情况并用撑杆调整垂直度。每道附着装置的撑竿的布置方式、相互之间隔和附墙距离应按附着式塔式起重机制造厂要求。

第三，附着装置在塔身和建筑物上的框架，必须固定可靠，不得有任何松动。

第四，起重机载人专用电梯断绳保护装置必须可靠，电梯停用时，应降至塔身底部位置，不得长期悬在空中。

第五，如风力达到 4 级以上，不得进行顶升、安装、拆卸等作业。

第六，塔身顶升时，必须使吊臂和平衡臂处于平衡状态，并将回转部分制动住。顶升到规定高度后必须先将塔身附着在建筑物上后方可继续顶升。

第七，塔身顶升完毕后，各连接螺栓应按规定的力矩值紧固，爬升套架滚轮与塔身应吻合良好。

（二）轨道式塔式起重机的安全技术要求

为保证轨道式塔式起重机的使用安全和正常作业，起重机的路基和轨道的铺设必须严格按以下规定执行：

（1）路基施工前必须经过测量放线，定好平面位置和标高。

（2）路基范围内如有坑洼、洞穴、渗水井、垃圾堆等，应先消除干净，然后用素

土填平并分层压实，土壤的承载能力要达到规定的要求。中型塔式起重机的路基土壤承载能力为 80 ~ 120（kN/m^2），而重型塔式起重机的则为 120 ~ 160（kN/m^2）。

（3）为保证路基的承载能力使枕木不受潮湿，应先在压实的土壤上铺一层 50 ~ 100 mm 厚含水少的黄沙并压实，然后铺设厚度为 250 mm 左右、粒径为 50 ~ 80 mm 的道非层（碎石或卵石层）并压实。路基应高出地面 250 mm 以上，上宽 1850 mm 左右。路基旁应设置排水沟。

（4）轨距偏差不得超过其名义值的 1/1000，在纵横方向上钢轨顶面的倾斜度不大于 1/1000。

（5）两道轨道的接头必须错开，钢轨接头间隙在 3 ~ 6mm，接头处应架在轨枕上，两端高差不大于 2 mm。

（6）距轨道终端 1 m 处必须设置极限位置阻挡器，其高度应不小于行走轮半径。

轨道式塔式起重机的位置应与建筑物保持适当的距离，以免行走时台架与建筑物相碰而发生事故。

起重机安装好后，要按规定先进行检验和试吊，确认没有问题后，方可进行正式吊装作业。起重机安装后，在无载荷情况下，塔身与地面的垂直度偏差值不得超过 3/1000。

塔式起重机作业前专职安全员除认真进行轨道检查外，还应重点检查起重机各部件是否正常、是否符合标准和规定。

操纵各安全控制操作时力求平稳，序急开急停。

吊钩提升接近壁杆顶部、小车行至端点或起重机行走接近轨道端部时，应减速缓行至停止位置。吊钩距臂杆顶部不得小于 1 m，起重机距轨道端部不得小于 2 m。

两台起重机同在一条轨道上或在相近轨道上进行作业时，两机最小间距不得小于 5 m。

起重机转弯时应在外轨道面上撒上沙子，内轨面及两翼涂上润滑脂，配重箱转至转弯外轮的方向。严禁在弯道上进行吊装作业或吊重物转弯。

作业后，起重机应停放在轨道中间位置，壁杆应转到顺风方向，并放松回转制动器。小车及平衡重应移到非工作状态位置。吊钩提升到离臂杆顶端 2 ~ 9 m 处。将每个控制开关拨至零位，依次断开各路开关，切断电源总开关。最后锁紧夹轨器，使起重机与轨道固定。

第二节 塔式起重机施工方案

塔式起重机的安装和拆卸是一项既复杂又危险的工作，再加上塔式起重机的类型较多，作业环境不同，安装队伍的熟悉程度不一，所以要求工作之前必须针对塔式起重机的类型、特点及说明书的要求，结合作业条件，制定详细的施工方案，具体包括作业程序、作业人员的数量及工作位置、配合作业的起重机械类型及工作位置、索具的准备和现场作业环境的防护等。对于自升塔的顶升工作，必须有吊臂和平衡臂保持平衡状态的具体要求、顶升过程中的顶升步骤及禁止回转作业的可靠措施等。

专项安全施工方案的主要内容包括以下六个方面。

一、现场勘测

现场勘测包括施工现场的地形、地貌，作业场地周边环境，运输道路及架体安装作业的场地、空间，在建工程的基本情况，外电线路和现场用电的基本情况，塔式起重机拟安装的位置和地下管、线及地下建筑物的情况，土壤承载能力等。

二、塔式起重机基础（路基和轨道）

在确定塔式起重机的安装位置时，应考虑以下八项内容：

第一，塔式起重机起重（平衡）臂与建筑物及建筑物外围施工设计之间的安全距离。

第二，塔式起重机的任何部位与架空线路之间的安全距离。

第三，多塔作业时的防碰撞措施。

第四，塔式起重机基础（或路基和轨道）的设计（包括地基的处理）。

第五，塔式起重机基础（或路基和轨道）排水的设计。

第六，架体附着装置、架体附着装置与建筑物连接点的设计、制作，有关材料的材质、规格和尺寸。

第七，架体和轨道用于电气保护的接地装置的设计和验收。

第八，塔式起重机基础（路基和轨道）和架体附着等的设计。

以上项目均应符合塔式起重机使用说明书和有关规范中关于塔式起重机安全使用的要求。

三、塔式起重机安全装置的设置与技术要求

塔式起重机安全装置的设置与技术要求包括应配备的安全装置及其型号、规格、技术参数，安装及验收的要求和规则，塔式起重机安全装置的设置及有关技术要求应遵守塔式起重机使用说明书和有关规范的规定。此外，还包括传动系统的技术要求（应符合使用说明书和有关规范的要求），附着装置的设置及附着装置与建筑物的连接；架体的接地装置与避雷装置的设置，夹轨钳的设置和使用，架体超高时的避雷及避撞装置的设计；塔式起重机作业时的指挥和通信等。

四、塔式起重机作业的安全技术措施

塔式起重机作业的安全技术措施包括塔式起重机司机和指挥人员的资格，塔式起重机及其安全装置的检查、维修和保养制度，作业区域的管制措施，有关安全用电的措施，有关的安全标志，夜间作业及上、下塔式起重机通道的照明设置，上、下塔式起重机的电梯安全使用措施，突发性天气影响的应对措施和季节性施工的安全措施等。

五、塔式起重机安装和拆除的技术要求

塔式起重机安装和拆除的技术要求包括进行塔式起重机安装和拆除作业的队伍及其作业人员的资格、塔式起重机安装及拆除前的准备、安装及拆除作业的作业顺序、作业时应遵守的规定、架体首次安装的高度及每次分段安装的高度、首次安装和分段安装的技术要求、架体的安装精度及验收的方法和标准等。

六、有关的施工图纸

有关的施工图纸包括塔式起重机基础（路基和轨道）、附着装置的平面图、立面图和细部构造的节点详图等施工图纸。

第三节　塔式起重机安全管理一般项目

为保证建筑工程的塔式起重机的安全使用，施工企业除必须做好上述保证项目的安全保证工作外，在其他一般项目的安全管理方面也必须加以重视。这些一般项目包括附着装置、基础与轨道、结构设施、电气安全等。

一、基础与轨道

必须掌握塔基混凝土基础底下的地质构造，不能有涵管、防空洞等。土质应达到设计规定的地耐力要求，否则应遵循打基础桩等技术要求。

混凝土基础除要保证外形尺寸、混凝土级别、配筋设置达到要求外，特别要注意预埋地脚螺栓与钢筋、塔机地面定位之间的施工焊接工艺，尤其是对中碳钢制的地脚螺栓更应防止焊接缺陷和应力集中存在。

混凝土基础附近不能挖坑，否则必须打围护桩进行保护，以确保基础在塔式起重机使用过程中不移位、倾斜。

行走或塔式起重机路基要坚实、平整，枕木材质要合格，铺设要符合设计要求，道钉与接头螺栓的设置要符合规定。

二、结构设施

主要结构件的变形、锈蚀应在允许范围内；平台、走道、梯子、护栏的设置应符合规范要求；高强螺栓、销轴、紧固件的紧固、连接应符合规范要求，高强螺栓应使用力矩扳手或专用工具紧固。

三、附墙装置

（一）附墙装置的安装注意事项

第一，附墙杆与建筑物的夹角以 45° ~ 60° 为宜，至于采用哪种方式，要根据塔式起重机和建筑物的结构而定。第二，附墙杆与建筑物连接必须牢固，保证起重作业中塔身不产生相对运动，在建筑物上打孔与附墙杆连接时，孔径应与连接螺栓的直径相对称。分段拼接的各附着杆、各连接螺栓、销子必须安装齐全，各连接件的固定要符合要求。第三，塔机的垂直度偏差，自由高度时为 3‰，安装附墙后为 1‰。第四，当塔式起重机未超过允许的自由高度，而在地基承受力弱的场合或风力较大的地段施工，为避免塔机在弯矩作用下基础产生不均匀沉陷以及其他意外事故，必须提前安装附着装置。第五，因附墙杆只能受拉、受压，不能受弯，故其长度应能调整，一般调整范围以 200 mm 为宜。第六，机附墙的安装，必须在靠近现浇柱处。

（二）附着装置的使用要求

第一，附着在建筑物时其受力强度必须满足设计要求且必须使用塔式起重机生产厂家产品。第二，附着时应用经纬仪检查塔身垂直度，并进行调整。每道附着装置的撑竿布置方式、相互间隔以及附着装置的垂直距离应按照说明书规定。第三，当由于工程的特殊性需改变附着杆的长度、角度时，应对附着装置的强度、刚度和稳定性进行验算，确保不低于原设计的安全度。第四，轨道式起重机作附着式使用时，必须提高轨道基础的承载能力并切断行走机构的电源。第五，一般塔式起重机的使用说明书都对附墙高度有明确规定，必须按规定严格执行。

四、电气安全

塔式起重机与外电线间要保证足够的安全操作距离，当小于安全距离时要有符合要求的防护措施。轨道要按现行行业标准《施工现场临时用电安全技术规范（附条文说明）》（JGJ 46—2005）做接地、接零保护。应有能确保使用功能的卷线器。

由于塔式起重机是金属结构体，因此塔式起重机的任何部位及被吊物边缘与架空线路安全距离都必须满足表 8-1 的要求。

表 8–1　塔式起重机与输送电线的安全距离

位置	电压 /kV				
	＜1	1 ~ 15	20 ~ 40	60 ~ 110	220
沿垂直方向 /m	1.5	3	4	5	6
沿水平方向 /m	1	1.5	2	4	6

如果不符合要求，则必须采取保护措施，增加屏障、遮拦、围栏或防护网，悬挂醒目的警告标志牌。严禁塔式起重机设置在有外电线路的一侧。防护措施要根据施工现场的实际情况，按照施工现场临时用电的外电防护规范进行制定。

塔式起重机要有专用电箱，并由专用电缆供电。塔式起重机专用电箱至少应配置带熔断器的主隔离开关、具有短路及失压保护的空气自动开关、跑电保护器。

电缆线因重量大，长期悬挂时，电缆线机械性能将改变，从而影响供电的可靠性，故需固定。可采用瓷柱、瓷瓶等方式固定，禁止用金属螺线绑扎固定。电缆线拖地易被重物或车辆压坏，易被磨破皮，破坏其绝缘性，也易浸水，造成线路短路故障，接头破损后易造成现场工人触电事故。

起重臂距地面高度大于 50 m 时，在塔顶与臂架头部应设避雷装置。避雷接地体的材料要采用角钢、钢管、圆钢，不允许采用螺纹钢。接地线与塔式起重机的连接可用螺栓连接或焊接，用螺栓连接时应有防锈、防腐蚀、防松动措施，以使接地可靠；接地线应采用钢筋，不能用铜丝或铝丝；避雷接地要有明显的测试点。

第四节　塔式起重机安全管理保证项目

为保证建筑工程的塔式起重机的安全使用，施工企业必须做好荷载限制装置设置，行程限位装置设置，保护装置设置，吊钩、滑轮、卷筒与钢丝绳规定，多塔作业规定，安拆、验收与使用规定等安全保证工作。

一、行程限位装置

限位器有变幅限位器、超高限位器、回转限位器及行走限位器四种。

（一）变幅限位器

变幅限位器有动臂变幅与小车变幅两种。

1. 动臂变幅

塔式起重机变换作业半径（幅度）是依靠改变起重臂的仰角来实现的。通过装置触点的变化，将灯光信号传递到司机室的指示盘上，并指示仰角度数，当控制起重臂的仰角分别达到了上下限位时，则分别压下限位开关切断电源，防止超过仰角造成塔式起重机失稳。现场做动作验证时，应由有经验的人员做监护指挥，防止发生事故。

2. 小车变幅

塔式起重机采用水平臂架，吊重悬挂在起重小车上，靠小车在臂架上水平移动实现变幅。小车变幅限位器是利用安装在起重臂头部和根部的两个行程开关及缓冲装置对小车运行位置进行限定。

（二）超高限位器

超高限位器也称上升极限位置限制器，即当塔式起重机吊钩上升到极限位置时，自动切断起升机构的上升电源，机构可做下降运动，防止吊钩上升超过极限而损坏设备并发生事故的安全装置。有重锤式和蜗轮蜗杆式两种，一般安装在起重臂头部或起重卷扬机上。超高限位器应能保证动力切断后，吊钩架与定滑轮的距离至少有两倍的制动行程，且不小于 2 m。安全检查时，可对超高限位器现场做试验确认。

（三）回转限位器

回转限位器防止电缆扭转过度而断裂或损坏电缆，造成事故。一般安装在回转平台上，与回转大齿圈啮合。其作用是限制塔机朝一个方向旋转一定圈数后，切断电源，只能做反方向旋转。在安全检查时，可对其现场做试验确认。

（四）行走限位器

行走限位器是控制轨道式塔式起重机运行时不发生出轨事故。在安全检查时，应进行塔式起重机行走动作试验，碰撞限位器验证其可靠性。

二、荷载限制装置

安装力矩限制器后，当发生重量超重或作业半径过大而导致力矩超过该塔式起重机的技术性能时，即自动切断起升或变幅动力源，并发出报警信号，防止发生事故。

装有机械型力矩限制器的动臂变幅式塔式起重机，在每次变幅后，必须及时对超载限位的吨位按照作业半径的允许载荷进行调整。对塔式起重机试运转记录进行检查，确认该机当时对力矩限制器的测试结果符合要求，且力矩限制器系统综合精度满足 ±5% 的规定。

有的塔式起重机机型同时装有超载限制器（起升载荷限制器），当荷载达到额定起重量的 90% 时，发出报警信号；当起重量超过额定起重量时，切断上升方向的电源，机构可做下降方向运动。在进行安全检查时，应同时进行试验确认。

进行安全检查时，若现场无条件检查力矩限制器，则可通过另两种方式进行检查：第一，可检查安装后的试运转记录；第二，可检查其公司平时的日常安全检查记录。

三、保护装置

小车变幅的塔式起重机应安装断绳保护及断轴保护装置，并符合规范要求；行走及小车变幅的轨道行程末端应安装缓冲器及止挡装置，并应符合规范要求；起重臂根部铰点高度大于 50 m 的塔式起重机应安装风速仪，并应灵敏可靠；当塔式起重机顶部高度大于 30 m 且高于周围建筑物时，应安装无障碍指示灯。

四、吊钩、滑轮、卷筒与钢丝绳

保险装置有滑轮防绳滑脱装置、吊钩保险装置、卷筒保险装置和爬梯护圈四种。

（一）滑轮防绳滑脱装置

这种装置实际上是滑轮总成的一个不可分割的组成部分，它的作用是把钢丝绳束缚在滑轮绳槽里以防跳槽。

（二）吊钩保险装置

吊钩保险装置主要防止当塔式起重机工作时，重物下降被阻碍但吊钩仍继续下降而造成的索具脱钩事故。工作中使用的吊钩必须有制造厂的合格证书，吊钩表面应光滑，不得有裂纹、刻痕、锐角等现象存在。部分塔式起重机出厂时，吊钩无保险装置，如自行安装保险装置，应采取环箍固定，禁止在吊钩上打眼或焊接，防止影响吊钩的机械性能。另外，弹簧锁片与吊钩的磨损值不得超过钩口尺寸的 10%。

（三）卷筒保险装置

卷筒保险装置主要防止当传动机构发生故障时，造成钢丝绳不能在卷筒上顺排，以致越过卷筒端部凸缘，发生咬绳等事故。当吊物需中间停止时，使用的滚筒棘轮保险装置防止吊物自由向下滑动。其一般安装在起升卷扬机的滚筒上。

（四）爬梯护圈

当爬梯的通道高度大于 5 m 时，应从平台以上 2 m 处开始设置护圈。护圈应保持完好，不能出现过大变形和少圈、开焊等现象。

当爬梯设于结构内部时，如爬梯与结构的间距小于 1.2 m，可不设护圈，上塔人行通道是为行走和检修的需要而设置的，为防止工作人员发生高处坠落事故，故需设安全防护栏杆，防护栏杆应由上、下两根横杆及立杆组成，上杆离平台高度为下杆离平台高度为 0.5 ~ 0.6 m，并由安全立网进行封闭。栏杆应能承受 1000N 水平移动的集中载荷。

五、多塔作业

两台以上塔式起重机作业，应编制防碰撞安全技术措施。防碰撞安全技术措施的制定应按《建筑塔式起重机安全规程》的标准：两台起重机之间的最小架设距离应保证处于低位的起重机的臂架端部与另一台起重机的塔身之间至少有 2m 的距离；处于高位的起重机（吊钩升至最高点）与低位的起重机之间，在任何情况下，其垂直方向的间隙不得小于 2 m。多台塔式起重机同时作业，要保证上下左右安全距离，要有方案和可靠的防碰撞安全措施。塔式起重机在风力达到 4 级以上时，不得进行顶升、安装、拆卸作业，作业时突然遇到风力加大，必须立即停止作业；塔式起重机在 6 级风力以上，禁止塔式起重机作业。

六、安拆、验收与保养

出租单位在建筑起重机械首次出租前，自购建筑起重机械的使用单位在建筑起重机械首次安装前，应持建筑起重机械特种设备制造许可证、产品合格证和制造监督检验证明，到本单位工商注册所在地县级以上地方人民政府建设主管部门办理备案。应当在签订的建筑起重机械租赁合同中，明确租赁双方的安全责任，并出具建筑起重机械特种设备制造许可证、产品合格证、制造监督检验证明、备案证明和自检合格证明，提交安装使用说明书。

建筑起重机械安全技术档案应当包括购销合同、制造许可证、产品合格证、制造监督检验证明、安装使用说明书、备案证明等原始资料；定期检验报告、定期自行检查记录、定期维护保养记录、维修和技术改造记录、运行故障和生产安全事故记录、累计运转记录等运行资料。

安装单位应当依法取得建设主管部门颁发的相应资质和建筑施工企业安全生产许可证，并在其资质许可范围内承揽建筑起重机械安装、拆卸工程。建筑起重机械使用单位和安装单位应当在签订的建筑起重机械安装、拆卸合同中明确双方的安全生产责任。安装单位应当履行下列安全职责：第一，按照安全技术标准及建筑起重机械性能要求，编制建筑起重机械安装、拆卸工程专项施工方案，并由本单位技术负责人签字。第二，按照安全技术标准及安装使用说明书等检查建筑起重机械及现场施工条件。第三，组织安全施工技术交底并签字确认。第四，制定建筑起重机械安装、拆卸工程生产安全事故应急救援预案。第五，将建筑起重机械安装、拆卸工程专项施工方案，安装、拆卸人员名单，安装、拆卸时间等材料报施工总承包单位和监理单位审核后，告知工程所在地县级以上地方人民政府建设主管部门。

安装单位应当按照建筑起重机械安装、拆卸工程专项施工方案及安全操作规程组织安装、拆卸作业。安装单位的专业技术人员、专职安全生产管理人员应当进行现场监督，技术负责人应当定期巡查。建筑起重机械安装完毕后，安装单位应当按照安全技术标准及安装使用说明书的有关要求对建筑起重机械进行自检、调试和试运转。自检合格的，应当出具自检合格证明，并向使用单位进行安全使用说明。安装单位应当建立建筑起重机械安装、拆卸工程档案。建筑起重机械安装、拆卸工程档案应当包括以下资料：第一，安装、拆卸合同及安全协议书。第二，安装、拆卸工程专项施工方案。第三，安全施工技术交底的有关资料。第四，安装工程验收资料。第五，安装、拆卸工程生产安全事故应急救援预案。

有下列情形之一的建筑起重机械，不得出租、使用：第一，属国家明令淘汰或者禁止使用的。第二，超过安全技术标准或者制造厂家规定的使用年限的。第三，经检验达不到安全技术标准规定的。第四，没有完整安全技术档案的。第五，没有齐全有效的安全保护装置的。

总承包单位应当履行下列安全职责：第一，向安装单位提供拟安装设备位置的基础施工资料，确保建筑起重机械进场安装、拆卸所需的施工条件。第二，审核建筑起重机械的特种设备制造许可证、产品合格证、制造监督检验证明、备案证明等文件。第三，审核安装单位、使用单位的资质证书、安全生产许可证和特种作业人员的特种作业操作资格证书。第四，审核安装单位制定的建筑起重机械安装、拆卸工程专项施工方案和生产安全事故应急救援预案。第五，审核使用单位制定的建筑起重机械生产安全事故应急救援预案。第六，指定专职安全生产管理人员监督检查建筑起重机械安装、拆卸、使用情况。第七，施工现场有多台塔式起重机作业时，应当组织制定并实施防止塔式起重机相互碰撞的安全措施。

使用单位应当履行下列安全职责：第一，根据不同施工阶段、周围环境以及季节、气候的变化，对建筑起重机械采取相应的安全防护措施。第二，制定建筑起重机械生产安全事故应急救援预案。第三，在建筑起重机械活动范围内设置明显的安全警示标志，对集中作业区做好安全防护。第四，设置相应的设备管理机构或者配备专职的设备管理人员。第五，指定专职设备管理人员，专职安全生产管理人员进行现场监督检查。第六，建筑起重机械出现故障或者发生异常情况的，立即停止使用，消除故障和事故隐患后，方可重新投入使用。使用单位应当对在用的建筑起重机械及其安全保护装置、吊具、索具等进行经常性、定期的检查、维护和保养，并做好记录。

建筑起重机械安装完毕后，使用单位应当组织出租、安装、监理等有关单位进行验收，或者委托具有相应资质的检验检测机构进行验收。建筑起重机械经验收合格后方可投入使用，未经验收或者验收不合格的不得使用，使用单位应当自建筑起重机械安装验收合格之日起 30 日内，将建筑起重机械安装验收资料、建筑起重机械安全管理制度、特种作业人员名单等，向工程所在地县级以上地方人民政府建设主管部门办理建筑起重机械使用登记，登记标志置于或者附着于该设备的显著位置。

使用单位在建筑起重机械租期结束后，应当将定期检查、维护和保养记录移交出租单位。建筑起重机械租赁合同对建筑起重机械的检查、维护、保养另有约定的，从其约定。建筑起重机械在使用过程中需要附着顶升的，使用单位应当委托原安装单位或者具有相应资质的安装单位按照专项施工方案实施，验收合格后方可投入使用。禁止擅自在建筑起重机械上安装非原制造厂制造的标准节和附着装置。验收表中需要有实测数据的项目，如垂直度偏差、接地电阻等，必须附有相应的测试记录或报告。

验收单位、安装单位、使用单位负责人都在验收表中签字确认后，验收表才算正式有效。

塔式起重机使用必须有完整的运转记录，这些记录作为塔式起重机技术档案的一部分，应归档保存。每个台班都要如实做好设备的运转、交接签字和设备的维修保养记录。交接班记录要求有每个台班的设备运转情况记录，设备的维修记录要对维修设备的主要零配件更换情况进行记录。

塔式起重机在露天工作，环境恶劣，必须及时正确地进行维护保养，使机械处于完好状态，高效安全地运行，避免和消除可能发生的故障，提高机械使用寿命。机械的保养应该做到清洁、润滑、紧固、防腐。

塔式起重机的维护保养分日常保养、一级保养和二级保养：日常保养在班前班后进行，一级保养每工作 1000 小时进行一次，二级保养每工作 3 000 小时进行一次。

塔式起重机的安装与拆卸必须由取得建设行政主管部门颁发的“拆装许可证”的专业队伍进行，且安装人员必须有“安装资格证书”。塔式起重机安装完毕，必须由安装队长、塔式起重机司机、工地的技术、施工、安全等负责人进行量化验收签字。塔式起重机安装、加节，需经上级安全部门、设备部门会同安装单位和使用单位共同检查验收，符合要求后方能使用。塔式起重机的验收必须按《建筑机械使用安全技术规程》（JGJ 33—2012）和安装方案进行验收，即资料部分、结构部分、机械部分、塔机与输电线路距离、安全装置等。在安装、加节和拆卸方案中，较危险环节一定要有具体安全措施，如平臂与起重臂的平衡问题、顶升加节时禁止回转运行问题等。塔式起重机的安装、加节与拆卸是一项技术性很强的工作，必须按使用说明书和现场的具体情况制订详尽的技术方案。制定的方案必须由公司的施工技术负责人审批方可实施。作业时，必须严格按方案制定的程序进行。

第九章　脚手架工程施工与高处作业安全管理

第一节　脚手架工程施工安全管理

一、扣件式钢管脚手架

（一）搭设要求

1. 底座安放

脚手架的放线定位应根据立柱的位置进行。脚手架的立柱不能直接立在地面上，立柱下必须加设底座或垫块。底座安放应符合下列要求：第一，底座、垫板均应准确地放在定位线上。第二，垫块应采用长度不小于 2 跨、厚度不小于 50 mm、宽度不小于 200 mm 的木垫板。

2. 立杆搭设

（1）相邻立杆的对接应符合下列规定：第一，当立杆采用对接接长时，立杆的对接扣件应交错布置，两根相邻立杆的接头不应设置在同步内，同步内隔一根立杆的两个相隔接头在高度方向错开的距离不宜小于 500 mm；各接头中心至主节点的距离不宜大于步距的 1/3。第二，当立杆采用搭接接长时，搭接长度不应小于 1 m，并应采用不少于 2 个旋转扣件固定。端部扣件盖板的边缘至杆端距离不应小于 100 mm。

（2）脚手架开始搭设立杆时，应每隔 6 跨设置一根抛撑，直至连墙件安装稳定后，方可根据情况拆除。

（3）当架体搭设至有连墙件的主节点时，在搭设完该处的立杆、纵向水平杆、横向扫地杆后，应立即设置连墙件。

3. 纵向水平杆搭设

（1）脚手架纵向水平杆应随立杆按步搭设，并应采用直角扣件与立杆固定。

（2）纵向水平杆的搭设应符合相关规定。

（3）在封闭型脚手架的同一步中，纵向水平杆应四周交圈设置，并应用直角扣件与内外角部立杆固定。

4. 横向水平杆搭设

（1）作业层上非主节点处的横向水平杆，宜根据支撑脚手板的需要等间距设置，最大间距不应大于纵距的 1/2。

（2）当使用冲压钢脚手板、木脚手板、竹串片脚手板时，双排脚手架的横向水平杆两端均应采用直角扣件固定在纵向水平杆上；单排脚手架的横向水平杆的一端应用直角扣件固定在纵向水平杆上，另一端应插入墙内，插入长度不应小于 180 mm。

（3）当使用竹笆脚手板时，双排脚手架的横向水平杆的两端应用直角扣件固定在立杆上；单排脚手架的横向水平杆的一端应用直角扣件固定在立杆上，另一端插入墙内，插入长度不应小于 180 mm。

（4）主节点处必须设置一根横向水平杆，用直角扣件扣接且严禁拆除。

（5）双排脚手架横向水平杆的靠墙一端至墙装饰面的距离不应大于 100 mm。

（6）单排脚手架的横向水平杆不应设置在下列部位：第一，设计上不允许留脚手眼的部位。第二，过梁上与过梁两端呈 60° 角的三角形范围内及过梁净跨度 1/2 的高度范围内。第三，宽度小于 1 m 的窗间墙。第四，梁或梁垫下及其两侧各 500 mm 的范围内。第五，砖砌体的门窗洞口两侧 200 mm 和转角处 450 mm 的范围内，其他砌体的门窗洞口两侧 300 mm 和转角处 600 mm 的范围内。第六，墙体厚度小于或等于 180 mm 的部位。第七，独立或附墙砖柱，空斗砖墙、加砌块墙等轻质墙体。第八，砌筑砂浆强度等级小于或等于 M2.5 的砖墙。

5. 纵向、横向扫地杆搭设

（1）脚手架必须设置纵向、横向扫地杆。纵向扫地杆应采用直角扣件固定在距钢管底端不大于 200 mm 处的立杆上。横向扫地杆应采用直角扣件固定在紧靠纵向扫地杆下方的立杆上。

（2）脚手架立杆基础不在同一高度上时，必须将高处的纵向扫地杆向低处延长两跨与立杆固定，高低差不应大于 1 m。靠边坡上方的立杆轴线到边坡的距离不应小于 500 mm。

6. 连墙件安装

（1）连墙件的布置应符合下列规定：①应靠近主节点设置，偏离主节点的距离不应大于 300 mm。②应从底层第一步纵向水平杆处开始设置，当该处设置有困难时，应采用其他可靠措施固定。③应优先采用菱形布置，或采用方形、矩形布置。

（2）开口型脚手架的两端必须设置连墙件，连墙件的垂直间距不应大于建筑物的层高，并且不应大于 4 m。

（3）连墙件中的连墙杆应呈水平设置，当不能水平设置时，应向脚手架一端下斜连接。

（4）连墙件必须采用可承受拉力和压力的构造。对高度在 24 m 以上的双排脚手架，应采用刚性连墙件与建筑物连接。

（5）脚手架下部暂不能设连墙件时应采取防倾覆措施。当搭设抛撑时，抛撑应采用通长杆件，并用旋转扣件固定在脚手架上，与地面的倾角应在 45° ~ 60°；连接点中心至主节点的距离不应大于 300 mm。抛撑应在连墙件搭设后再拆除。

（6）架高超过 40 m 且有风涡流作用时，应采取抗上升涡流作用的连墙措施。

（7）连墙件的安装应随脚手架搭设同步进行，不得滞后安装。

（8）单、双排脚手架施工操作层高出相邻连墙件两步以上时，应采取确保脚手架稳定的临时拉结措施，直到上一层连墙件安装完毕后再根据情况拆除。

7. 门洞搭设

（1）单、双排脚手架门洞宜采用上升斜杆、平行弦杆桁架结构形式，斜杆与地面间的倾角 α 应在 45° ~ 60°。

（2）单排脚手架门洞处，应在平面桁架的每一节间设置一根斜腹杆；双排脚手架门洞处的空间桁架，除下弦平面外，应在其余 5 个平面内设置一根斜腹杆。

（3）斜腹杆宜采用旋转扣件固定在与之相交的横向水平杆地伸出端上，旋转扣件中心线至主节点的距离不宜大于 150 mm。

（4）当斜腹杆在 1 跨内跨越两个步距时，宜在相交的纵向水平杆处增设一根横向水平杆，将斜腹杆固定在其伸出端上。

（5）斜腹杆宜采用通长杆件，当必须接长使用时，宜采用对接扣件连接，也可采用搭接。

（6）单排脚手架过窗洞时应增设立杆或增设一根纵向水平杆。

（7）门洞桁架下的两侧立杆应为双管立杆，副立杆高度应高出门洞口 1 ~ 2 步。

（8）门洞桁架中伸出上下弦杆的杆件端头，均应增设一个防滑扣件，该扣件宜紧靠主节点处的扣件。

8. 剪刀撑与横向斜撑搭设

（1）双排脚手架应设剪刀撑与横向斜撑，单排脚手架应设剪刀撑。

（2）每道剪刀撑跨越立杆的根数应按表 9—1 的规定确定。

表 9–1　剪刀撑跨越立杆的最多根数

剪刀撑斜杆与地面间的倾角 α	45°	50°	60°
剪刀撑跨越立杆的最多根数 n	7	6	5

（3）每道剪刀撑宽度不应小于 4 跨，且不应小于 6 m，斜杆与地面间的倾角宜在 45° ~ 60°。

（4）高度在 24 m 以下的单、双排脚手架，均必须在外侧两端、转角及中间间隔不超过 15 m 的立面上，各设置一道剪刀撑，并应由底至顶连续设置。

（5）高度在 24 m 及 24 m 以上的双排脚手架应在外侧全立面连续设置剪刀撑。

（6）剪刀撑斜杆的接长应采用搭接或对接。

（7）剪刀撑斜杆应用旋转扣件固定在与之相交的横向水平杆的伸出端或立杆上，旋转扣件中心线至主节点的距离不宜大于 150 mm。

（8）双排脚手架横向斜撑的设置应符合下列规定：①横向斜撑应在同一节间，由底至顶层呈“之”字形连续布置。②开口型双排脚手架的两端均必须设置横向斜撑。③高度在 24 m 以下的封闭型双排脚手架可不设横向斜撑；高度在 24 m 以上的封闭型脚手架，除拐角应设置横向斜撑外，中间应每隔 6 跨设置一道。

（9）开口型双排脚手架的两端均必须设置横向斜撑。

9. 扣件安装

（1）扣件规格应与钢管外径相同。

（2）螺栓拧紧扭力矩不应小于 40 N·m，且不应大于 65N·m。

（3）在主节点处固定横向水平杆、纵向水平杆、剪刀撑、横向斜撑等用的直角扣件、旋转扣件中心点的相互距离不应大于 150 mm。

（4）对接扣件开口应朝上或朝内。

（5）各杆件端头伸出扣件盖板边缘的长度不应小于 100 mm。

10. 斜道搭设

（1）人行并兼作材料运输的斜道的形式宜按下列要求确定：①高度不大于 6 m 的脚手架，宜采用“一”字形斜道。②高度大于 6 m 的脚手架，宜采用“之”字形斜道。

（2）斜道应附着外脚手架或建筑物设置。

（3）运料斜道宽度不应小于 1.5 m，坡度不应大于 1 ：6；人行斜道宽度不应小于 1 m，坡度不应大于 1 ：3。

（4）拐弯处应设置平台，其宽度不应小于斜道宽度。

（5）斜道两侧及平台外围均应设置栏杆及挡脚板。栏杆高度应为 1.2 m，挡脚板高度不应小于 180 mm。

（6）运料斜道两端、平台外围和端部均应按规范规定设置连墙件；每两步应加设水平斜杆，并按规范规定设置剪刀撑和横向斜撑。

（7）斜道脚手板构造应符合下列规定：①脚手板横铺时，应在横向水平杆下增设纵向支托杆，纵向支托杆间距不应大于 500 mm。②脚手板顺铺时，接头宜采用搭接，下面的板头应压住上面的板头，板头的凸棱处宜采用三角木填顺。③人行斜道和运料斜道的脚手板上应每隔 250 ～ 300 mm 设置一根防滑木条，木条厚度应为 20 ～ 30 mm。

11. 栏杆和挡脚板搭设

第一，栏杆和挡脚板均应搭设在外立杆的内侧。第二，上栏杆上坡高度应为 1.2 m。第三，挡脚板高度不应小于 180 mm。第四，中栏杆应居中设置。

（二）拆除要求

第一，扣件式钢管脚手架拆除应按专项方案施工，拆除前应做好下列准备工作：应全面检查脚手架的扣件连接、连墙件、支撑体系等是否符合构造要求；应根据检查结果补充完善脚手架专项方案中的拆除顺序和措施，经审批后方可实施；拆除前应对施工人员进行交底；应清除脚手架上的杂物及地面障碍物。

第二，单、双排脚手架拆除作业必须由上而下逐层进行，严禁上下层同时作业；连墙件必须随脚手架逐层拆除，严禁先将连墙件整层或数层拆除后再拆脚手架；分段拆除高差大于两步时，应增设连墙件加固。

第三，当脚手架拆至下部最后一根长立杆的高度（约 6.5 m）时，应先在适当位置搭设临时抛撑加固后，再拆除连墙件。当单、双排脚手架采取分段、分立面拆除时，对不拆除的脚手架两端，应先按规定设置连墙件和横向斜撑加固。

第四，架体拆除作业应设专人指挥，当有多人同时操作时，应明确分工、统一行动，且应具有足够的操作面。

第五，卸料时各构配件严禁抛掷至地面。

第六，运至地面的构配件应按规定及时检查、整修与保养，并应按品种、规格分别存放。

（三）安全管理

（1）扣件式钢管脚手架安装与拆除人员必须是经考核合格的专业架子工。架子工应持证上岗。

（2）搭拆脚手架人员必须佩戴安全帽，系安全带，穿防滑鞋。

（3）脚手架的构配件质量与搭设质量应按规定进行检查验收，并应确认合格后使用。

（4）钢管上严禁打孔。

（5）作业层上的施工荷载应符合设计要求，不得超载；不得将模板支架、缆风绳、泵送混凝土和砂浆的输送管等固定在架体上；严禁悬挂起重设备，严禁拆除或移动架体上安全防护设施。

（6）当有 6 级及以上大风、浓雾、雨或雪天气时应当停止脚手架搭设与拆除作业。雨、雪后上架作业应有防滑措施，并应及时扫除积雪。

（7）夜间不宜进行脚手架搭设与拆除作业。

（8）脚手架的安全检查与维护应按有关规定进行。

（9）脚手板应铺设牢靠、严实，并应用安全网双层兜底。施工层以下每隔 10 m 应用安全网封闭。

（10）单、双排脚手架沿架体外围应用密目式安全网全封闭，密目式安全网宜设置在脚手架外立杆的内侧，并应与架体绑扎牢固。

（11）在脚手架使用期间，严禁拆除下列杆件：第一，主节点处的纵、横向水平杆，纵、横向扫地杆。第二，连墙件。

（12）当在脚手架使用过程中开挖脚手架基础下的设备基础或管沟时，必须对脚手架采取加固措施。

（13）临街搭设脚手架时，外侧应有防止坠物伤人的防护措施。

（14）在脚手架上进行电、气焊作业时，应有防火措施和专人看守。

（15）工地临时用电线路的架设及脚手架接地、避雷措施等，应按现行行业标准《施工现场临时用电安全技术规范》（JGJ46—2005）的有关规定执行。

（16）搭拆脚手架时，地面应设围栏和警戒标志，并应派专人看守，严禁非操作人员入内。

二、门式钢管脚手架

（一）搭设要求

1. 门式钢管脚手架搭设程序

（1）门式钢管脚手架的搭设应与施工进度同步，一次搭设高度不宜超过最上层连墙件的两步，且自由高度不应当大于 4 m。

（2）门式钢管脚手架的组装应自一端向另一端延伸，应自下而上按步架设，并应逐层改变搭设方向；不应自两端向中间搭设或自中间向两端搭设。

（3）每搭设完两步门式脚手架后，应校验门架的水平度及立杆的垂直度。

2. 门式钢管脚手架及配件搭设

（1）门式钢管脚手架应能配套使用，在不同的组合情况下，均应保证连接方便、可靠，且应具有良好的互换性。

（2）不同型号的门架与配件严禁混合使用。

（3）上下榀门架立杆应在同一轴线位置上，门架立杆轴线的对接偏差不应大于 2 mm。

（4）门式脚手架的内侧立杆离墙面净距不宜大于 150 mm；当大于 150 mm 时，应采取内设挑架板或其他隔离防护的安全措施。

（5）门式脚手架顶端栏杆宜高出女儿墙上端或檐口上端 1.5 m。

（6）配件应与门式脚手架配套，并应与门架连接可靠。

（7）门式脚手架的两侧应设置交叉支撑，并应与门架立杆上的锁销锁牢。

（8）上下榀门架的组装必须设置连接棒，连接棒与门架立杆配合间隙不应大于 2 mm。

（9）门式钢管脚手架上下榀门架之间应设置锁臂，当采用插销式或弹销式连接棒时，可不设锁臂。

（10）门式钢管脚手架作业层应连续满铺与门架配套的挂扣式脚手板，并应当有防止脚手板松动或脱落的措施。当脚手板上有孔洞时，孔洞的内切圆直径不应大于 25 mm。

（11）底部门架的立杆下端宜设置固定底座或可调底座。

（12）可调底座和可调托座的调节螺杆直径不应小于 35 mm，可调底座的调节螺杆伸出长度不应大于 200 mm。

（13）交叉支撑、脚手板应与门架同时安装。

（14）连接门架的锁臂、挂钩必须处于锁住状态。

（15）钢梯的设置应符合专项施工方案组装布置图的要求，底层钢梯底部应加设钢管并应用扣件扣紧在门架立杆上。

（16）在施工作业层外侧周边应设置 180 mm 高的挡脚板和两道栏杆，上道栏杆高度应为 1.2 m，下道栏杆应居中设置。挡脚板和栏杆均应设置在门架立杆的内侧。

3. 加固件搭设

（1）门式钢管脚手架剪刀撑的设置必须符合下列规定：第一，当门式脚手架搭设高度在 24 m 以下时，在脚手架的转角处、两端及中间间隔不超过 15 m 的外侧立面必须各设置一道剪刀撑，并应由底至顶连续设置。第二，当脚手架搭设高度超过 24 m 时，在脚手架全外侧立面上必须设置连续剪刀撑。第三，对于悬挑脚手架，在脚手架全外侧立面上必须设置连续剪刀撑。

（2）剪刀撑的构造应符合下列规定：第一，剪刀撑斜杆与地面间的倾角宜为 45° ~ 60°。第二，剪刀撑应采用旋转扣件与门架立杆扣紧。第三，剪刀撑斜杆应采用搭接接长，搭接长度不宜小于 1000 mm，搭接处应采用 3 个及 3 个以上旋转扣件扣紧。第四，每道剪刀撑的宽度不应大于 6 个跨距，且不应大于 10 m；也不应小于 4 个跨距，且不应小于 6 m。设置连续剪刀撑的斜杆水平间距宜为 6 ~ 8 m。

（3）门式钢管脚手架应在门架两侧的立杆上设置纵向水平加固杆，并应采用扣件与门架立杆扣紧。水平加固杆设置应符合下列要求：第一，在顶层、连墙件设置层必须设置。第二，当脚手架每步铺设挂扣式脚手板时，至少每 4 步应设置一道，并宜在有连墙件的水平层设置。第三，当脚手架搭设高度小于或等于 40 m 时，至少每两步门架应设置一道；当脚手架搭设高度大于 40 m 时，每步门架应设置一道。第四，在脚手架的转角处、开口型脚手架端部的两个跨距内，每步门架应设置一道。第五，悬挑脚手架每步门架应设置一道。第六，在纵向水平加固杆设置层面上应连续设置。

（4）门式脚手架的底层门架下端应设置纵、横向通长的扫地杆。纵向扫地杆应固定在距门架立杆底端不大于 200 mm 处的门架立杆上，横向扫地杆宜固定在紧靠纵向扫地杆下方的门架立杆上。

（5）水平加固杆、剪刀撑等加固杆件必须与门架同步搭设。

（6）水平加固杆应设于门架立杆内侧，剪刀撑应设于门架立杆外侧。

4. 连墙件安装

（1）连墙件设置的位置、数量应按专项施工方案确定，并应按确定的位置设置预埋件。

（2）在门式脚手架的转角处或开口型脚手架端部，必须增设连墙件，连墙件的垂直间距不应大于建筑物的层高，且不应大于 4.0 m。

（3）连墙件应靠近门式脚手架的横杆设置，距门架横杆不宜大于 200 mm。连墙件应该固定在门架的立杆上。

（4）连墙件宜水平设置，当不能水平设置时，与脚手架连接的一端应低于建筑结构连接的一端，与连墙杆的坡度比宜小于 1 ∶ 3。

（5）连墙件的安装必须随脚手架搭设同步进行，严禁滞后安装。

（6）当脚手架操作层高出相邻连墙件两步以上时，在连墙件安装完毕前必须采用确保脚手架稳定的临时拉结措施。

5. 通道口

（1）门式脚手架通道口高度不宜大于 2 个门架高度，宽度不宜大于 1 个门架跨距。

（2）门式脚手架通道口应采取加固措施，并应符合下列规定：第一，当门式脚手架通道口宽度为一个门架跨距时，在通道口上方的内外侧应设置水平加固杆，水平加固杆应延伸至通道口两侧各一个门架跨距，并应在两个上角内外侧加设斜撑杆。第二，当门式脚手架通道口宽度为 2 个及 2 个以上跨距时，在通道口上方应设置经专门设计和制作的托架梁，并应加强两侧的门架立杆。

（3）门式脚手架通道口的搭设应符合规定的要求，斜撑杆、托架梁及通道口两侧的门架立杆加强杆件应与门架同步搭设，严禁滞后安装。

6. 斜梯

（1）作业人员上下脚手架的斜梯应采用挂扣式钢梯，并宜采用“之”字形设置，一个梯段宜跨越两步或三步门架再行转折。

（2）钢梯规格应与门架规格配套，并应与门架挂扣牢固。

（3）钢梯应设栏杆扶手、挡脚板。

7. 加固杆、连墙件等杆件与门架采用扣件连接时的要求

第一，扣件规格应与所连接钢管的外径相匹配。第二，扣件螺栓拧紧扭力矩值应为 40 ~ 65 N·m。第三，杆件端头伸出扣件盖板边缘长度不应小于 100 mm。

（二）拆除要求

1. 架体的拆除应按照拆除方案进行施工，并应在拆除前做好下列准备工作：第一，应对将拆除的架体进行拆除前的检查。第二，根据拆除前的检查结果补充完善拆除方案。第三，清除架体上的材料、杂物及作业面的障碍物。

2. 拆除作业必须符合下列规定：第一，架体的拆除应从上而下逐层进行，严禁上下层同时作业。第二，同一层的构配件和加固杆件必须按先上后下、先外后内的顺序进行拆除。第三，连墙件必须随脚手架逐层拆除，严禁先将连墙件整层或数层拆除后再拆架体。拆除作业过程中，当架体的自由高度大于两步时，必须加设临时拉结杆件。第四，连接门架的剪刀撑等加固杆件必须在拆卸该门架时拆除。

3. 拆卸连接部件时，应先将止退装置旋转至开启位置，然后拆除，不得硬拉，严禁敲击。拆除作业中，严禁使用手锤等硬物击打。

4. 当门式脚手架需分段拆除时，架体不拆除部分的两端应按规定采取加固措施后再拆除。

5. 门式脚手架与配件应采用机械或人工运至地面，严禁抛投。

6. 拆卸的门式脚手架与配件、加固杆等不得集中堆放在未拆架体上，应及时检查、整修与保养，并宜按照品种、规格分别存放。

（三）安全管理

1. 搭拆门式脚手架或横板支架应由专业架子工操作，并应按特种作业人员考核管理规定考核合格，持证上岗。上岗人员应定期进行体检，凡不适合登高作业者，不得上架操作。

2. 搭拆架体时，施工作业层应铺设脚手板，操作人员应站在临时设置的脚手板上进行作业，并应按规定使用安全防护用品，穿防滑鞋。

3. 门式脚手架作业层上严禁超载。

4. 严禁将模板支架、缆风绳、混凝土泵管、卸料平台等固定在门式脚手架上。

5. 6 级及 6 级以上大风天气应停止架上作业；雨、雪、雾天气应停止脚手架的搭拆作业；雨、雪、雾后上架作业时应采取有效的防滑措施，并应扫除积雪。

6. 门式脚手架在使用期间，当预见可能有强风天气所产生的风压值超出设计的基本风压值时，应当对架体采取临时加固措施。

7. 在门式脚手架使用期间，脚手架基础附近严禁进行挖掘作业。

8. 门式脚手架在使用期间，不应拆除加固杆、连墙件、转角处连接杆、通道口斜撑杆等加固杆件。

9. 当施工需要，脚手架的交叉支撑可在门架一侧局部临时拆除，但在该门架单元上下应设置水平加固杆或挂扣式脚手板，在施工完成后应立即恢复安装交叉支撑。

10. 应避免装卸物料对门式脚手架产生偏心、振动和冲击荷载。

11. 门式脚手架外侧应设置密目式安全网，网间应严密，防止坠物伤人。

12. 门式脚手架与架空输电线路的安全距离、工地临时用电线路架设及脚手架接地、防雷措施，应按现行行业标准《施工现场临时用电安全技术规范》（JGJ 46—2005）的有关规定执行。

13. 在门式脚手架上进行电、气焊作业时，必须有防火措施和专人看护。

14. 不得攀爬门式脚手架。

15. 搭拆门式脚手架或模板支架作业时，必须设置警戒线、警戒标志，并应派专人看守，严禁非作业人员入内。

16. 对门式脚手架应进行日常性的检查和维护，架体上的建筑垃圾或杂物应及时清理。

三、工具式脚手架

（一）一般要求

1. 工具式脚手架安装前，应根据工程结构、施工环境等特点编制专项施工方案，并应经总承包单位技术负责人审批、项目总监理工程师审核后实施。

2. 总承包单位必须将工具式脚手架专业工程发包给具有相应资质等级的专业队伍，并应签订专业承包合同，明确总包、分包或租赁等各方的安全生产责任。

3. 工具式脚手架专业施工单位应当建立、健全安全生产管理制度，制定相应的安全操作规程和检验规程，应制定设计、制作、安装、升降、使用、拆除和日常维护保养等的管理规定。

4. 工具式脚手架专业施工单位应设置专业技术人员、安全管理人员及相应的特种作业人员。特种作业人员应经专门培训，并应经建设行政主管部门考核合格，取得特种作业操作资格证书后，方可上岗作业。

5. 施工现场使用工具式脚手架应由总承包单位统一监督，并应符合下列规定：第一，安装、升降、使用、拆除等作业前，应向有关作业人员进行安全教育，并应监督对作业人员的安全技术交底。第二，应对专业承包人员的配备和特种作业人员的资格进行审查。第三，安装、升降、拆卸等作业时，应派专人进行监督。第四，应组织工具式脚手架的检查验收。第五，应定期对工具式脚手架使用情况进行安全巡检。

6. 监理单位应对施工现场的工具式脚手架使用状况进行安全监理并记录，出现隐患应要求及时整改，并应符合下列规定：第一，应对专业承包单位的资质及有关人员的资格进行审查。第二，在工具式脚手架的安装、升降、拆除等作业时应进行监督。第三，应当参加工具式脚手架的检查验收。第四，应定期对工具式脚手架使用情况进行安全巡检。第五，如果发现存在隐患，应要求限期整改，对拒不整改的，应及时向建设单位和建设行政主管部门报告。

7. 工具式脚手架所使用的电气设施、线路及接地、避雷措施等应符合现行行业标准《施工现场临时用电安全技术规范》（JGJ 46—2005）的规定。

8. 进入施工现场的附着式升降脚手架产品应具有国务院建设行政主管部门组织鉴定或验收的合格证书。

9. 工具式脚手架的防坠落装置应经法定检测机构标定后方可使用；在使用过程中，使用单位应定期对其有效性和可靠性进行检测。安全装置受冲击载荷后应进行解体检验。

10. 临街搭设时，外侧应有防止坠物伤人的防护措施。

11. 安装、拆除时，在地面应设围栏和警戒标志，并派专人看守，非操作人员不得入内。

12. 在工具式脚手架使用期间，不得拆除下列杆件：第一，架体上的杆件。第二，与建筑物连接的各类杆件（如连墙件、附墙支座）等。

13. 作业层上的施工荷载应符合设计要求，不得超载；不得将模板支架、缆风绳、泵送混凝土和砂浆的输送管等固定在架体上；不得用其悬挂起重设备。

14. 遇 5 级及 5 级以上大风和雨天等恶劣天气时，不得提升或下降工具式脚手架。

15. 当施工中发现工具式脚手架故障和存在安全隐患时，应及时排除；当可能危及人身安全时，应停止作业，由专业人员进行整改。整改后的工具式脚手架应重新进行验收检查，合格后方可使用。

16. 剪刀撑应随立杆同步搭设。

17. 扣件的螺栓拧紧力矩不应小于 40 N·m，且不应大于 65 N·m。

18. 各地建筑安全主管部门及产权单位和使用单位应对工具式脚手架建立设备技术档案，其主要内容应包含机型、编号、出厂日期、验收、检修、试验、检修记录及故障事故的情况。

19. 工具式脚手架在施工现场安装完成后应进行整机检测。

20. 工具式脚手架作业人员在施工过程中应佩戴安全帽，系安全带，穿防滑鞋，酒后不得上岗作业。

（二）附着式升降脚手架

1. 安全装置

附着式升降脚手架必须具有防倾覆、防坠落和同步升降控制的安全装置。

（1）防倾覆装置应符合下列规定：

①防倾覆装置中应包括导轨和两个以上与导轨连接的可滑动的导向件。

②在防倾导向件的范围内应设置防倾覆导轨，且应与竖向主框架可靠连接。

③在升降和使用两种工况下，最上和最下两个导向件之间的最小间距不得小于 2.8 m 或架体高度的 1/4。

④应具有防止竖向主框架倾斜的功能。

⑤应采用螺栓与附墙支座连接，其装置与导轨之间的间隙应小于 5 mm。

（2）防坠落装置必须符合下列规定：

①防坠落装置应设置在竖向主框架处并附着在建筑结构上，每一升降点不得少于一个防坠落装置，防坠落装置在使用和升降工况下都必须起作用。

②防坠落装置必须采用机械式的全自动装置，严禁使用每次升降都须重组的手动装置。

③防坠落装置技术性能除应满足承载能力要求外，还应符合《建筑施工工具式脚手架安全技术规范》（JGJ 202—2010）中的相关规定。

④防坠落装置应具有防尘、防污染的措施，并应灵敏、可靠和运转自如。

⑤防坠落装置与升降设备必须分别独立固定在建筑结构上。

⑥钢吊杆式防坠落装置，钢吊杆规格应由计算机确定，且不应小于 ϕ 25 mm。

（3）同步控制装置应符合下列规定：

①附着式升降脚手架升降时，必须配备有限制荷载或水平高差的同步控制系统。

②连续式水平支撑桁架，应采用限制荷载自控系统；简支静定水平支承桁架，应采用水平高差同步自控系统；当设备受限时，可选择限制荷载自控系统。

2. 安装要求

（1）附着式升降脚手架应按专项施工方案进行安装，可采用单片式主框架的架体，也可采用空间桁架式主框架的架体。

（2）附着式升降脚手架在首层安装前应设置安装平台，安装平台应有保障施工人员安全的防护设施，安装平台的水平精度和承载能力应满足架体安装的要求。安装时应符合下列规定：①相邻竖向主框架的高差不应大于 20 mm。②竖向主框架和防倾导向装置的垂直偏差不应大于 5‰，且不得大于 60 mm。③预留穿墙螺栓孔和预埋件应垂直于建筑结构外表面，其中心误差应小于 15 mm。④连接处所需要的建筑结构混凝土强度应由计算确定，但不应小于 C10。⑤升降机构连接应正确且牢固、可靠。⑥安全控制系统的设置和试运行效果应符合设计要求。⑦升降动力设备工作正常。

（3）附着支撑结构的安装应符合设计规定，不得少装和使用不合格螺栓及连接件。

（4）安全保险装置应全部合格，安全防护设施应齐备，且应符合设计要求，并应设置必要的消防设施。

（5）电源、电缆及控制柜等的设置应符合《施工现场临时用电安全技术规范》（JGJ 46—2005）的有关规定。

（6）采用扣件式脚手架搭设的架体构架，其构造应符合《建筑施工扣件式钢管脚手架安全技术规范》（JGJ 130—2011）的要求。

（7）升降设备、同步控制系统及防坠落装置等专项设备，均应采用同一厂家的产品。

（8）升降设备、同步控制系统及防坠落装置等应采取防雨、防砸、防尘等措施。

3. 使用要求

（1）附着式升降脚手架应按设计性能指标进行使用，不得随意扩大使用范围；架体上的施工荷载应符合设计规定，不得超载，不得放置影响局部杆件安全的集中荷载。

（2）附着式升降脚手架架体内的建筑垃圾和杂物应及时清理干净。

（3）附着式升降脚手架在使用过程中不得进行下列作业：第一，利用架体吊运物料。第二，在架体上拉结吊装缆绳（或缆索）。第三，在架体上推车。第四，任意拆除结构件或松动连接件。第五，拆除或移动架体上的安全防护设施。第六，利用架体支撑模板或卸料平台。第七，其他影响架体安全的作业。

（4）当附着式升降脚手架停用超过 3 个月时，应提前采取加固措施。

（5）当附着式升降脚手架停用超过 1 个月或遇 6 级及 6 级以上大风后复工时，应进行检查，确认合格后方可使用。

（6）螺栓连接件、升降设备、防倾装置、防坠落装置、电控设备、同步控制装置等应每月进行维护保养。

4. 拆除要求

（1）附着式升降脚手架的拆除工作应按照专项施工方案及安全操作规程的有关要求进行。

（2）应对拆除作业人员进行安全技术交底。

（3）拆除时应有可靠的防止人员或物料坠落的措施，拆除的材料及设备不得抛掷。

（4）拆除作业应在白天进行。遇 5 级及 5 级以上大风和大雨、大雪、浓雾和雷雨等恶劣天气时，不得进行拆除作业。

（三）高处作业吊篮

1. 安装要求

（1）高处作业吊篮安装时应按专项施工方案，并在专业人员的指导下实施。

（2）安装作业前，应划定安全区域，并应排除作业障碍。

（3）高处作业吊篮组装前应确认结构构件、紧固件已配套且完好，其规格型号和质量应符合设计要求。

（4）高处作业吊篮所用的构配件应是同一厂家的产品。

（5）在建筑物屋面上进行悬挂机构的组装时，作业人员应与屋面边缘保持 2 m 以上的距离。组装场地狭小时应采取防坠落措施。

（6）悬挂机构宜采用刚性联结方式进行拉结固定。

（7）悬挂机构前支架严禁支撑在女儿墙上、女儿墙外或建筑物挑檐边缘。

（8）前梁外伸长度应符合高处作业吊篮使用说明书的规定。

（9）悬挑横梁应前高后低，前后水平高差不应大于横梁长度的2%。

（10）配重件应稳定可靠地安放在配重架上，并应有防止随意移动的措施。严禁使用破损的配重件或其他替代物。配重件的重量应符合设计规定。

（11）安装时钢丝绳应沿建筑物立面缓慢下放至地面，不得从高空抛掷。

（12）当使用两个以上的悬挂机构时，悬挂机构吊点水平间距与吊篮平台的吊点间距应相等，其误差不应大于50 mm。

（13）悬挂机构前支架应与支撑面保持垂直，脚轮不得受力。

（14）安装任何形式的悬挑结构，其施加于建筑物或构筑物支承处的作用力均应符合建筑结构的承载能力，不得对建筑物和其他设施造成破坏和不良影响。

（15）高处作业吊篮安装和使用时，在10 m范围内如有高压输电线路，应按照现行行业标准《施工现场临时用电安全技术规范》（JGJ 46—2005）的规定采取隔离措施。

2. 使用要求

（1）高处作业吊篮应设置作业人员专用的挂设安全带的安全绳及安全锁扣。安全绳应固定在建筑物可靠位置上，不得与吊篮上任何部位有连接。

（2）吊篮宜安装防护棚，防止高处坠物伤害作业人员。

（3）吊篮应安装上限位装置，宜安装下限位装置。

（4）使用吊篮作业时，应排除影响吊篮正常运行的障碍。在吊篮下方可能造成坠落物伤害的范围，应设置安全隔离区和警告标志，人员或车辆不得停留、通行。

（5）在吊篮内从事安装、维修等作业时，操作人员应佩戴工具袋。

（6）使用境外吊篮设备时应有中文使用说明书，产品的安全性能应符合我国的行业标准。

（7）不得将吊篮作为垂直运输设备，不得采用吊篮运送物料。

（8）吊篮内的作业人员不应超过2个人。

（9）吊篮正常工作时，人员应从地面进入吊篮内，不得从建筑物顶部、窗口等处或其他孔洞处出入吊篮。

（10）在吊篮内的作业人员应佩戴安全帽，系安全带，并应将安全锁扣正确挂置在独立设置的安全绳上。

（11）吊篮平台内应保持荷载均衡，不得超载运行。

（12）吊篮做升降运行时，工作平台两端高差不得超过150 mm。

（13）使用离心触发式安全锁的吊篮在空中停留作业时，应将安全锁锁定在安全绳上；在空中启动吊篮时，应先将吊篮提升使安全绳松弛后再开启安全锁。不得在安全绳受力时强行扳动安全锁开启手柄，不得将安全锁开启手柄固定于开启位置。

（14）吊篮悬挂高度在 60 m 及 60 m 以下的，宜选用边长不大于 7.5 m 的吊篮平台；悬挂高度在 100 m 及 100 m 以下的，宜选用边长不大于 5.5 m 的吊篮平台；悬挂高度在 100 m 以上的，宜选用边长不大于 2.5 m 的吊篮平台。

（15）进行喷涂作业或使用腐蚀性液体进行清洗作业时，应对吊篮的提升机、安全锁、电气控制柜采取防污染保护措施。

（16）悬挑结构平行移动时，应将吊篮平台降落至地面，并应使其钢丝绳处于松弛状态。

（17）在吊篮内进行电焊作业时，应对吊篮设备、钢丝绳、电缆采取保护措施；不得将电焊机放置在吊篮内；电焊缆线不得与吊篮任何部位接触；电焊钳不得搭挂在吊篮上。

（18）在高温、高湿等不良气候和环境条件下使用吊篮时，应采取相应的安全技术措施。

（19）当在吊篮施工遇有雨雪、大雾、风沙及 5 级以上大风等恶劣天气时，应停止作业，并应将吊篮平台停放至地面，应对钢丝绳、电缆进行绑扎固定。

（20）当施工中发现吊篮设备故障和安全隐患时，应及时排除，可能危及人身安全时应停止作业，并应由专业人员进行维修。维修后的吊篮应重新进行检查验收，合格后方可使用。

（21）下班后不得将吊篮滞留在半空中，应将吊篮放至地面；人员离开吊篮、进行吊篮维修或每日收工后应将主电源切断，并应将电气柜中各开关置于断开位置并加锁。

3. 拆除要求

（1）高处作业吊篮拆除时应按照专项施工方案，并应在专业人员的指挥下实施。

（2）拆除前应将吊篮平台下落至地面，并应将钢丝绳从提升机、安全锁中退出，切断总电源。

（3）拆除支撑悬挂机构时，应对作业人员和设备采取相应的安全措施。

（4）拆卸分解后的构配件不得放置在建筑物边缘，应采取防止坠落的措施。零散物品应放置在容器中。不得将吊篮任何部件从屋顶处抛下。

（四）外挂防护架

1. 安装要求

（1）根据专项施工方案的要求，在建筑结构上设置预埋件。预埋件应经验收合格后方可浇筑混凝土，并应做好隐蔽工程记录。

（2）安装防护架时，应先搭设操作平台。

（3）防护架应配合施工进度搭设，一次搭设的高度不应超过相邻连墙件以上两个步距。

（4）每搭完一步架后，应校正步距、纵距、横距及立杆的垂直度，确认合格后方可进行下一道工序。

（5）竖向桁架安装宜在起重机械辅助下进行。

（6）同一片防护架的相邻立杆的对接扣件应交错布置，在高度方向错开的距离不宜小于 500 mm；各接头中心至主节点的距离不宜大于步距的 1/3。

（7）纵向水平杆应通长设置，不得搭接。

（8）当安装防护架的作业层高出辅助架两步时，应搭设临时连墙杆，待防护架提升时方可拆除。临时连墙杆可采用 2.5 ~ 3.5 m 长钢管，一端与防护架第三步相连，另一端与建筑结构相连。每片架体与建筑结构连接的临时连墙杆不得少于 2 处。

（9）防护架应将设置在桁架底部的三角臂和上部的刚性连墙件及柔性连墙件分别与建筑物上的预埋件相连。

2. 提升要求

（1）防护架的提升索具应使用现行国家标准《重要用途钢丝绳》（GB 8918—2006）规定的钢丝绳。钢丝绳直径不应小于 12.5 mm。

（2）提升防护架的起重设备能力应满足要求，公称起重力矩值不得小于 400 kN-m，其额定起升重量的 90% 应大于架体重量。

（3）钢丝绳与防护架的连接点应在竖向桁架的顶部，连接处不得有尖锐凸角等。

（4）提升钢丝绳的长度应能保证提升平稳。

（5）提升速度不得大于 3.5 m/min。

（6）在防护架从准备提升到提升到位交付使用前，除操作人员外，其他人员不得从事临边防护等作业。操作人员应佩戴安全带。

（7）当防护架提升、下降时，操作人员必须站在建筑物内或相邻的架体上，严禁站在防护架上操作；架体安装完毕前，严禁上人。

（8）每片架体均应分别与建筑物直接连接；不得在提升钢丝绳受力前拆除连墙件，不得在施工过程中拆除连墙件。

（9）当采用辅助架时，第一次提升前应在钢丝绳收紧受力后，才能拆除连墙件及与辅助架相连接的扣件。指挥人员应持证上岗，信号工、操作工应服从指挥、协调一致，不得缺岗。

（10）防护架在提升时，必须按照“提升一片、固定一片、封闭一片”的原则进行。严禁提前拆除两片以上的架体、分片处的连接杆、立面及底部封闭设施。

（11）在防护架每次提升后，必须逐一检查扣件紧固程度；所有连接扣件拧紧力矩必须达到 40 ~ 65 N·m。

3. 拆除要求

（1）外挂防护架拆除的准备工作应遵守以下规定：①对防护架的连接扣件、连墙件、竖向桁架、三角臂应进行全面的检查，并应符合构造要求。②应根据检查结果补充完善专项施工方案中的拆除顺序和措施，并应经总包和监理单位批准后方可实施。③应对操作人员进行拆除安全技术交底。④应清除防护架上杂物及地面障碍物。

（2）外挂防护架拆除时应遵守以下规定：①应采用起重机械把防护架吊运到地面进行拆除。②拆除的构配件应按品种、规格随时码堆存放，不得抛掷。

第二节 高处作业安全技术

凡在坠落高度基准面 2 m 以上（含 2 m）有可能坠落的高处进行的作业均称为高处作业。其含义有两个：第一，相对概念，可能坠落的底面高度大于或等于 2 m，就是说无论是在单层、多层还是高层建筑物作业，即使是在平地，只要作业处的侧面有可能导致人员坠落的坑、井、洞或空间，其高度达到 2 m 及以上，就属于高处作业；第二，高低差距标准定为 2 m，因为一般情况下，当人在 2 m 以上的高度坠落时，就很有可能会造成重伤、残疾，甚至死亡。

一、一般规定

（1）技术措施及所需料具要完整地列入施工计划。

（2）进行技术教育和现场技术交底。

（3）所有安全标志、工具和设备等，在施工前逐一检查。

（4）做好对高处作业人员的培训考核等。

二、高处作业的级别

高处作业的级别可分为 4 级：高处作业在 2.5 ~ 5 m 时，为一级高处作业；5 ~ 15 m 时，为二级高处作业；15 ~ 30 m 时，为三级高处作业；大于 30 m 时，为特级高处作业。高处作业又分为一般高处作业和特殊高处作业，其中特殊高处作业又分为 8 类。

特殊高处作业的分类如下：第一，在阵风风力 6 级（风速 10.8 m/s）以上的情况下进行的高处作业，称为强风高处作业。第二，在高温或低温环境下进行的高处作业，称为异温高处作业。第三，降雪时进行的高处作业，称为雪天高处作业。第四，降雨时进行的高处作业，称为雨天高处作业。第五，室外完全采用人工照明时进行的高处作业，称为夜间高处作业。第六，在接近或接触带电体条件下进行的高处作业，称为带电高处作业。第七，在无立足点或无牢靠立足点的条件下进行的高处作业，称为悬空高处作业。第八，对突然发生的各种灾害事故进行抢救的高处作业，称为抢救高处作业。

一般高处作业是指除特殊高处作业以外的高处作业。

三、高处作业的标记

高处作业的分级以级别、类别和种类做标记。一般高处作业做标记时，写明级别和种类；特殊高处作业做标记时，写明级别和类别，种类可省略不写。

参考文献

[1] 李英姬，王生明 . 建筑施工安全技术与管理 [M]. 北京：中国建筑工业出版社，2020.

[2] 张子龙 . 高层建筑施工安全管理及 BIM 技术应用研究 [M]. 北京：中国商务出版社，2020.

[3] 李润求，施式亮 . 建筑安全技术与管理 [M]. 徐州：中国矿业大学出版社，2020.

[4] 夏书强 . 建筑施工与工程管理技术 [M]. 长春：北方妇女儿童出版社，2020.

[5] 程和平 . 建筑施工技术 [M]. 北京：化学工业出版社，2020.

[6] 杨静，冯豪 . 建筑施工组织与管理 [M]. 北京：清华大学出版社，2020.

[7] 王茹 . 装配式建筑施工与管理 [M]. 北京：机械工业出版社，2020.

[8] 刘尊明，朱锋 . 建筑施工安全技术与管理 [M]. 北京：北京理工大学出版社，2019.

[9] 方洪涛，蒋春平 . 高层建筑施工 [M]. 北京：北京理工大学出版社，2019.

[10] 惠彦涛 . 建筑施工技术 [M]. 上海：上海交通大学出版社，2019.

[11] 李建国，吴晓明，吴海涛 . 装配式建筑技术与绿色建筑设计研究 [M]. 成都：四川大学出版社，2019.

[12] 张鹏飞 . 基于 BIM 技术的大型建筑群体数字化协同管理 [M]. 上海：同济大学出版社，2019.

[13] 邹碧海 . 安全学原理 [M]. 成都：西南交通大学出版社，2019.

[14] 杨帆 . 土建施工结构计算 [M]. 北京：中国建材工业出版社，2019.

[15] 俞洪伟，杨肖杭，包晓琴 . 民用建筑安装工程实用手册 [M]. 杭州：浙江大学出版社，2019.

[16] 郭秋生 . 建筑工程事故案例分析 [M]. 北京：中国建材工业出版社，2019.

[17] 郑惠忠 . 施工临时用电 [M].2 版 . 上海：同济大学出版社，2019.

[18] 韩玉麒，高倩 . 建设项目组织与管理 [M]. 成都：西南交通大学出版社，2019.

[19] 刘谋黎，陈新平 . 智能楼宇技术与施工 [M]. 成都：西南交通大学出版社，2019.

[20] 韩少男 . 工程项目管理 [M]. 北京：北京理工大学出版社，2019.

[21] 龙炳煌 . 建筑工程 [M]. 武汉：武汉理工大学出版社，2019.

[22] 沈光临 . 工程技术法语翻译实务 [M]. 上海：东华大学出版社，2019.

[23] 张燕娜 . 塔式起重机安装拆卸工 [M]. 北京：中国建材工业出版社，2019.

[24] 宁欣，吴春林 . 工程管理专业英语 [M]. 北京：机械工业出版社，2019.

[25] 张争强，肖红飞，田云丽 . 建筑工程安全管理 [M]. 天津：天津科学技术出版社，2018.

[26] 张超，赵航 . 建筑施工技术综合实务 [M]. 北京：北京理工大学出版社，2018.

[27] 郭念 . 建筑工程质量与安全管理 [M]. 武汉：武汉大学出版社，2018.

[28] 杨承惁，陈浩 . 绿色建筑施工与管理 [M].2018 版 . 北京：中国建材工业出版社，2018.

[29] 王淑红 . 建筑施工组织与管理 [M]. 北京：北京理工大学出版社，2018.

[30] 嵇德兰 . 建筑施工组织与管理 [M]. 北京：北京理工大学出版社，2018.

[31] 徐照，徐春社，袁竞峰，等 .BIM 技术与现代化建筑运维管理 [M]. 南京：东南大学出版社，2018.

[32] 王庆刚，姬栋宇 . 建筑工程安全管理 [M]. 北京：科学技术文献出版社，2018.

[33] 王海雷，王力，李忠才 . 水利工程管理与施工技术 [M]. 北京：九州出版社，2018.

[34] 可淑玲，宋文学 . 建筑工程施工组织与管理 [M]. 广州：华南理工大学出版社，2018.

[35] 王健，乾民，刘开敏 . 建筑施工组织与管理 [M]. 哈尔滨：哈尔滨工程大学出版社，2018.